Discovering
Nature
Around Us

发现身边的自然

——南京校园**野生动物**观察手册

主　编　张燕宁

编写单位

江苏省科普作家协会

南京市生态环境保护宣传教育中心

南京守望自然科普中心

江蘇鳳凰教育出版社
Phoenix Education Publishing, Ltd

图书在版编目（CIP）数据

发现身边的自然 ：南京校园野生动物观察手册 / 张燕宁主编. -- 南京 ：江苏凤凰教育出版社，2025. 5.
ISBN 978-7-5743-1242-5

Ⅰ. Q958.525.31-62

中国国家版本馆CIP数据核字第2024H1D899号

书　　名　发现身边的自然——南京校园野生动物观察手册
主　　编　张燕宁
编写单位　江苏省科普作家协会　南京市生态环境保护宣传教育中心
　　　　　南京守望自然科普中心
责任编辑　刘　芳
装帧设计　许　畅
责任印制　石贤权
出版发行　江苏凤凰教育出版社（南京市湖南路 1 号 A 楼　邮编 210009）
苏教网址　http：// www.1088. com. cn
照　　排　江苏凤凰制版有限公司
印　　刷　南京新世纪联盟印务有限公司
厂　　址　南京市江宁区诚信大道 88 号华瑞工业园 7 栋
开　　本　889 毫米 ×1 194 毫米　1/32
印　　张　11
版　　次　2025 年 5 月第 1 版
印　　次　2025 年 5 月第 1 次印刷
书　　号　ISBN 978-7-5743-1242-5
定　　价　68.00 元
网店地址　http：// jsfhjycbs. tmall. com
公 众 号　苏教服务（微信号：jsfhjyfw）
邮购电话　025-85406265，025-85400774
盗版举报　025-83658579

绘　　图： 蒋晓伟

摄　　影： 池艳青　陈　思　常兆骏　陈鸣乐　陈泰宇
陈江源　陈浩骏　曹叶源　杜思凯　董楚天
戴云飞　傅　萌　高　凡　龚德文　黄　悦
韩永祥　黄　涛　郝夏宁　居　涛　林永晟
罗家钰　林琦玮　刘艺蕾　林青松　莫国巍
齐　硕　曲利明　阮　跃　苏圣博　孙华金
沈　强　孙霞菁　孙盟淳　王臻祺　王瑞阳
吴云良　万思成　王海霁　徐　行　徐天旸
徐一扬　严少华　袁　屏　严玮岑　杨云峰
张燕宁　张　华　张　洁　周　强　赵梓羲
张松奎　张睿珊　朱文启

编写单位： 江苏省科普作家协会
南京市生态环境保护宣传教育中心
南京守望自然科普中心

支持单位： 南京大学

东南大学

南京师范大学

南京农业大学

南京林业大学

南京信息工程大学

南京传媒学院

江苏省科学传播中心

江苏省生态学会

江苏省动物学会

江苏省环境科学学会

江苏省青少年科技教育学会

江苏省农学会

江苏省地质学会

域见自然环境科学研究院

中华中学

南京师范大学附属中学新城初级中学

南京市金陵小学

南京市长江路小学

南京市光华东街小学

南京大学附属丁家桥小学

南京江北新区胡桥路幼儿园

南京市玄武区少年宫

南京市秦淮区少年宫

南京市建邺区少年宫

《科学大众》杂志

南京紫金山昆虫博物馆

图鉴使用指南

注：

【濒危等级】采用《中国生物多样性红色名录》数据，使用《世界自然保护联盟物种红色名录》濒危等级。

灭绝 EX　野外灭绝 EW　极危 CR　濒危 EN　易危 VU　近危 NT　无危 LC　数据缺乏 DD

【保护级别】列入《国家重点保护野生动物名录》，保护级别为 国Ⅰ 、 国Ⅱ 。列入《有重要生态、科学、社会价值的陆生野生动物名录》，保护级别为 三有 。

图片拍摄地点说明：为了给读者提供更好的物种识别图片，部分照片拍摄地点不在南京校园。

前 言

南京，这座历史悠久、文化底蕴深厚的城市，不仅拥有壮丽的自然风光，还拥有一个个生机勃勃的校园。南京是全国教育中心城市之一，高等院校及中小学数量众多，分布在南京的各个区域。据南京市统计局数据，截至 2020 年底，南京累计建有各级各类学校 1769 所，其中普通高等学校 53 所（不含部队院校），成人高等教育学校 6 所，普通中学 259 所，中等职业学校 42 所，特殊教育学校 15 所，小学 384 所，幼儿园 1010 所。许多学校坐落在城市的核心区域或城郊位置，校园植被覆盖率通常较高，有的高校历史悠久，植被保护良好，拥有面积较大的次生林，这为校园内的野生动物提供了良好的栖息地。

据 2021 年南京市生态环境局全域范围内生物多样性本底调查可知，南京市分布的陆生野生动物共 1109 种。随着观鸟、观虫等自然观察活动的推广和普及，南京市野生动物资源的发掘范围又得到了进一步的扩大。早期，南京市校园野生动物多样性的研究主要集中在鸟类上，程伟、郭少荣等人曾分别对江宁大学城鸟类多样性及仙林大学城鸟类多样性进行了研究，而校园内无脊椎动物及鱼类多样性的相关研究相对欠缺。除文献资料记载，南京校园的自然观察社团也对学校里的野生动物资源进行了系统的统计。如：南京师范大学的“南师自然社”，截至 2024 年 7 月，该社团共记录校园内鸟类 152 种，兽类 8 种，两栖类 6 种，爬行类 10 种，蝴蝶 45 种。南京林业大学的“自然博物协会”成立于 2016 年，自成立以来，其致力于了解和记录校园内野生动物的种类、数量以及居留状况等，同时也会组织学生们在校园及周边地区对原生物种进行观测和记录活动。东南大学的“野望自然协会”虽然是新兴社团，但在成立之前，各方志同道合的同学就已经相聚在一起，系统性地记录了校园内野生动物的种类及分布，对校内的鸟类、兽类、昆虫、植物乃至真菌都有一定的记录。

除了高校自然社团的观察记录，目前南京市的中小学也经常参与到自然观察的活动中来。如：南师附中新城初中自 2015 年参加南京市蝴蝶监测活动以来，逐渐开始重视校园野生动物观察。起初，学校师生以蝴蝶为重点观测对象，后观测范围逐步扩展到其他物种，主要观察方法为定点观察和随机观察。随后，学校积极开设自然观察类社团，并结合社团课程组织师生进行学习、探究、守护、观测。2023 年，学校又创建“川野 & 星辰”科普科幻社，创设语文和生物等学科的融合课程，积极开展科普教育。现阶段，越来越多的中小学开始重视学生们的自然科普教育，这让越来越多的自然教育机构可以进入校园，为学生们提供更加专业的野生动物多样性保护及自然科普教育等方面的知识。

为了解南京校园野生动物组成现状，推动高校及中小学生态文明建设，鼓励学生参与生态环境保护活动，江苏省科普作家协会、南京市生态环境保护宣传教育中心、南京守望自然科普中心联合南京高校及中小学，发起“南京校园野生动物公益调查活动”。活动主要调查南京中小学（幼儿园）、驻宁高校内分布的无脊椎动物、鱼类、两栖类、爬行类、鸟类、哺乳类等野生动物。根据活动调查的记录、历史资料、学校社团记录等，我们全体编者对常见的物种进行了系统的梳理，编写了《发现身边的自然——南京校园野生动物观察手册》（以下简称《手册》），带领读者走进南京的校园，认识那些近在咫尺的野生动物。夜行的兽类，飞翔的鸟类，歌唱的蛙类，还有隐藏在草丛中的小昆虫们，都是我们探索的对象。同时，作为一本兼具学术价值与实践指导意义的工具书，本书不仅为自然观察活动提供了图鉴资料，还为观察者提供了详细的观察方法与标准化的记录模板，可以协助观察者轻松上手并开展有效的观察活动，并将观察结果转化为有价值的科学数据。

《手册》记录了南京校园常见的各类脊椎动物 127 种，包括鱼类 4 目 14 种，两栖类 1 目 8 种，爬行类 2 目 15 种，鸟类 15 目 80 种，以及哺乳类 6 目 10 种；无脊椎动物 77 种，隶属 19 目。《手册》除了展示南京校园的生境分类及丰富的动物资源，还展示了一些长期关注生物多样性且在地调研的高校及中小学的调研成果，并对近年来社会较为关注的动物救助方式进行了介绍。

《手册》是江苏第一部以原色自然生态照片系统展示和记述校园常见野生动物物种多样性的指导手册，集生物多样性主题教育与科普、专业研究于一体。本书的出版不仅填补了南京校园野生动物观察工具书的空白，还对南京校园生物多样性系列调查的阶段性成果进行了集中展示，在野生动物多样性保护和自然保护教育、科学普及等方面具有非常高的应用价值。

《手册》涉及的调查组织工作及照片征集工作主要

由江苏省科普作家协会负责开展，编写工作得到了东南大学、南京大学、南京林业大学、南京农业大学、南京师范大学、南京传媒学院等南京高校的支持，他们为我们提供了宝贵的观察场所和调研资料。《手册》中的大部分物种照片来自生态摄影师们的镜头记录，感谢他们用心捕捉的无数精彩瞬间。同时，感谢编辑团队在文字整理、图片筛选等方面的辛勤付出，没有你们的支持和帮助，本书是难以完成的。

在本书编写的过程中，编写团队和工作人员都付出了巨大努力，力争做到最好，可在照片和资料的收集过程中仍有疏漏和不足。本书所列种类未能包括南京校园所有的野生动物种类，有些地区的调查数据尚待补充，如有错误和遗漏之处，殷切希望广大读者提出宝贵的意见和建议，并予以指正。

最后，衷心希望这本《手册》能够成为连接人与自然、校园与生态的桥梁。让我们一起走进南京的校园，观察和记录南京校园内的野生动物，发现身边的自然之美，更加深入地了解这个与我们息息相关的生态环境。

全体编者

2025 年 1 月于南京

目　录

第二节　鸟类　/　045

第六节 无脊椎动物 / 185

1

第一章

校园生境及野生动物分布

南京校园主要生境类型

南京作为华东地区重要的教育重镇，不仅坐拥南京大学、东南大学等多所“双一流”建设高校，基础教育资源也十分丰富。截至 2020 年底，全市共有小学 384 所，中学 259 所。这些学校通常面积较大，植被覆盖率高，除去人工建筑，校园内的林地、灌丛、池塘、河道、草坪及部分学校的试验田都是适合校园野生动物的自然生境。

针叶林、常绿阔叶林混合林

校园中的林地以次生林为主，由针叶林、常绿阔叶林和落叶阔叶林混合构成。大部分乔木都枝繁叶茂且高大，产出大量幼枝嫩叶、果实和种子，为无脊椎动物提供了许多适宜的居所，同时多样的食物也吸引了许多鸟类。白头鹎、红嘴蓝鹊、星头啄木鸟、山斑鸠等留鸟常年占据此处；春夏季，此处是强脚树莺、噪鹃、小灰山椒鸟等夏候鸟喜爱的居所；冬季，则有大群的黄雀、灰背鸫、黄腰柳莺等冬候鸟在此停歇。高大茂密的树冠层吸引了顶级掠食者的到来，凤头鹰、松雀鹰等猛禽常常追随猎物来到此处。

常绿阔叶林

灌丛

林地下层灌木和小乔木覆盖率较高，草本植物也很多，落叶和倒木堆积形成的较厚的腐殖质层养育了众多无脊椎动物，也促进了宁波滑蜥、北方狭口蛙种群的繁荣，还为东北刺猬、鼬獾和噪鹛等提供了丰富的食物来源和庇护所。

校园中，大部分水体的四周都已经被水泥硬化过，且受到了人为干扰和污染等因素的影响，故生物多样性相对较低。池塘中的中华蟾蜍等蛙类每年都会繁殖，河道边上偶尔有白鹭、普通翠鸟来此觅食，赤链蛇等蛇类则会来人工水体附近捕食蛙类。此外，校园内的主要外来入侵物

人工池塘

人工河道

种如红耳彩龟（巴西龟）等也主要出现在这类生境中。

校园中，开阔的人工草地也是众多野生动物喜爱的生境类型之一，许多无脊椎动物都依赖这种生境。同时，此处还吸引了众多食虫鸟类，如乌鸫、喜鹊、灰椋鸟、八哥和白鹡鸰等。若是面积足够大，干扰较小，草地还会吸引灰头麦鸡前来停留和繁殖。夏季的夜晚，这里也会受到中华蟾蜍的青睐。

人工草地

第二章

校园物种科学调研指南

第一节

兽类观察指南

从系统进化角度看，兽类（又称“哺乳类”）是动物界进化最高等的一个类群，同时也是最成功的适应者。从深海蓝鲸到高原鼠兔，从北极熊到热带雨林长臂猿，它们分布广泛，种类繁多。相对于全球 10000 种以上已知的鸟类，30000 种以上已知的鱼类，5416 种已知的哺乳类在数量上并不突出。然而，在动物界中，它们是与人类关系最密切、受人类活动影响最大的动物类群之一。各类哺乳动物在塑造地球生态系统方面发挥着各自的作用，植食性和肉食性哺乳动物通过物质循环、能量流动，对陆地生态系统、淡水生态系统和海洋生态系统产生着重大影响。

一、为什么要观兽？

有人会问：为什么要观兽？当然，这里的兽指的是真正的野生兽类。过去，大型兽类在我国随处可见，如今人进兽退，大部分野生兽类只能蜗居在人迹稀少或条件艰苦的“孤岛”上；也有部分野生兽类适应了城市生活，成为城市适应种。

城市为哺乳动物的繁衍生息提供了独特的场所。由于城市中人类活动的影响，哺乳动物的行为模式可能会发生改变。我们可以通过观察城市中哺乳动物的种类、数量、分布，以及它们的行为和生存状况，了解城市生态系统的结构和功能是否稳定。

二、观兽装备

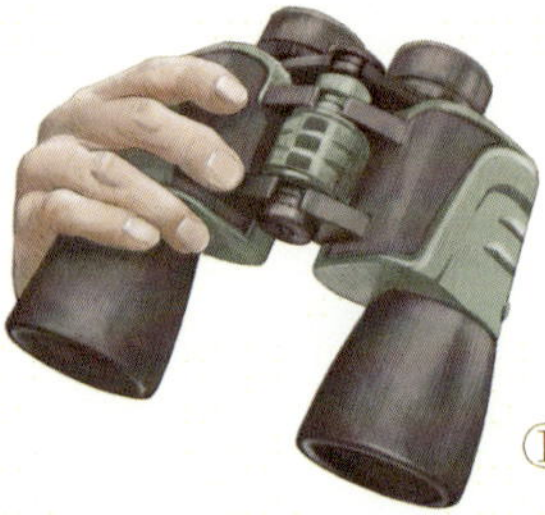

①

②

③

④

⑤

① 双筒望远镜

② 迷彩隐蔽帐篷

③ 红外感应相机

④ 无人机

⑤ 实用的动物图鉴

1. 双筒望远镜：很多兽类有一定的危险性，需要远距离观察；同时，大多敏感的兽类并不会给我们靠近的机会，7~10 倍双筒望远镜是初学者入门的不错选择。

2. 实用的动物图鉴：实用的动物图鉴在任何情况下都是需要的，兽类图鉴多为分类性图鉴或是大型图鉴。可以随身携带的兽类图鉴并不是很多，建议去一个目的地前，查好当地兽类资料或是在当地采购地方性动物图鉴。

3. 红外感应相机：又称“野外红外监控相机”，是一种利用红外触发进行拍摄的相机。兽类活动范围广，移动速度快，且通常在夜间活动，人工拍摄和数据采集往往准确率低，难度大。红外感应相机受不同生境类型或外部环境的影响较小，可以 24 小时连续工作，适用于监控隐蔽活动的兽类，且对兽类的干扰相对较小，是协助我们监测的必备帮手。

4. 红外热像仪：夜间，如果我们长时间开着电筒寻找兽类，这会对兽类的正常生活产生很大的影响。近年来，随着红外热成像技术的普遍应用，红外热像仪也逐渐应用到了野生动物的监测上。红外热像仪是通过接收目标物体发出的红外线，经过系统的处理后显示成带温度的红外图像，它不受可见光的影响，即使是在黑暗的环境下，也能清晰地成像。

5. 长焦相机：可以更准确地记录观察到的兽类，并对兽类的形态特征进行更好的辨认，它对我们的记录是很好的辅助。

6. 无人机：在高原上，没有树木遮挡，植被高度一般不超过 20 厘米，飞行难度低，方便寻找兽类，这为我们用无人机观察兽类创造了得天独厚的条件。

7. 照明设备：手电筒和强光手电，主要用于移动照明和信号指示，可以方便观察者在黑暗的地方进行探索，还可以配合夜间远距离摄影等。

8. 迷彩隐蔽帐篷：一般用于长时间的兽类观测，有利于观察者隐蔽，从而近距离观察野生兽类。

9. 本子、笔、尺：常规记录工具，尺子可以测量大型兽类的痕迹大小，从而对兽类的体格、年龄进行进一步判断。

三、去哪里观兽？

动物园是一个不错的选择。在动物园里，我们可以把老虎、狮子、狼、大象等动物一次性看完，但是野生动物之美或许只能在野外才能感受得到。动物园里的老虎、狮子和狼虽然也是野生动物，但这些不用在食物链中挣扎求生存的动物远离了荒野，失去了野性的本质。

幸而，城市环境中的黄鼬、鼬獾、东北刺猬等哺乳动物早已适应了新的生活方式，成功地在城市的夹缝中繁衍扩张，成为校园内常见的小型兽类。夜晚，我们只要悄悄地走到学校的垃圾箱附近，就有很大概率可以遇见它们。

第二节
鸟类观察指南

鸟儿往往会带给人们欢乐。不知道多少个清晨和傍晚，鸟类歌唱家们总是唱着清脆或嘹亮的乐曲，将我们从生活中或工作中唤醒。我们总会不经意间对它们产生好奇和思考，眼前这只相貌美丽、歌声动听、姿态神气的小家伙，究竟是何方神圣?

观鸟，是人们利用节假日等休息时间到大自然，在山林、原野、海滨、湖沼、草地等环境中，在不影响鸟类正常活动的前提下，去欣赏鸟儿们的自然美，并观察它们的外形姿态、取食方式、食物构成、繁殖行为、迁徙特点和所栖息的环境等。通过观鸟，我们可以了解鸟类与自然环境的关系以及人类与鸟类的关系。

一、为什么要观鸟?

鸟类是目前自然界中较容易被人类所接近的一类野生动物。鸟类形态多样，飞行速度快，我们通过观鸟活动，可以提升观察力、专注力和耐心。此外，鸟类通常在野外活动且范围较大，通过观鸟，我们可以多亲近自然，增加户外活动，有利于身体健康。同时，我们可以从观鸟开始，培养自然环保的生态理念。

二、观鸟装备

①

① 双筒望远镜
② 单筒望远镜
③ 长焦相机
④ 实用的动物图鉴

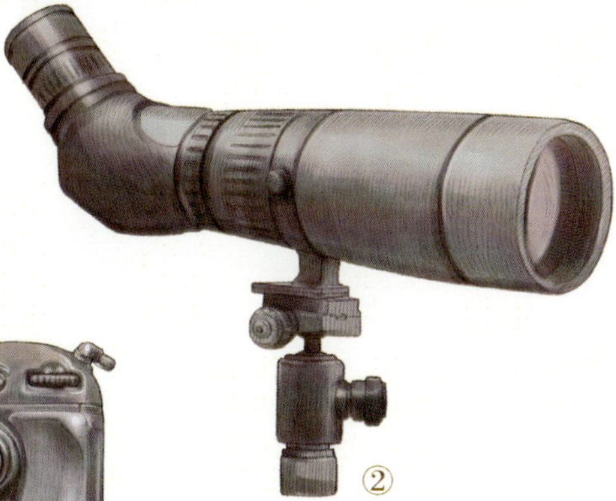

②

③

④

1. 望远镜：望远镜是观鸟活动的重要工具之一。由于鸟类比较敏感，因此我们观鸟时不能离鸟太近，望远镜是观察鸟类的必备工具。特别是在湿地、湖泊、沙漠、海岸等地势平坦开阔，很少有天然隐蔽物的地方，要接近所观察的鸟类是很困难的，要鉴别鸟类和统计它们的数量，就必须使用望远镜，7~10 倍双筒望远镜是初学者入门的不错选择。

2. 实用的动物图鉴：除了望远镜这一观察工具，还应有一本实用的鸟类图鉴，它可以帮助我们在观鸟时认识鸟。鸟类图鉴中的图片有彩色照片和手绘图片两种。照片可以较生动地记录鸟类的形态和鸟所栖息的环境，绘制的图片可以突出鸟的鉴别特征。

3. 笔记本、笔：在观鸟时，我们会记录一些观测情况，以增长经验，所以要准备笔记本和铅笔、彩色笔等。

三、去哪里观鸟？

其实，观鸟没有特定的场地限制，自家阳台可以，小区也行，城市公园、农村稻田都可以，在确保安全的情况下，我们就可以拿着望远镜去观察鸟类的行为，如找食、洗澡、求偶等。

在校园里，生活着众多的鸟儿，这里也是它们的家园。走进自然，来到它们身边，寻找它们，你会发现，自然界的故事远比我们想象得要更加引人入胜，鸟儿们的生活，也比想象中要更加丰富、神奇和灿烂。

四、遇到不认识的鸟怎么办？

观鸟界俗称的“菜鸟”，是指一个地区的常见鸟，通常是指该区域的留鸟，留鸟是指一年四季都在该区域活动的鸟类。“菜鸟”是一个区域鸟类多样性特色的主体，也就是优势种，其绘就了该地区自然环境的主色调。

观鸟，可以从身边的“菜鸟”开始，但是外出观鸟，我们经常会遇到一些不认识的新鸟，对于这样的情况，首先要根据观察或拍照记录的一些特点自己去查对动物图鉴，如果找不到，可以向一些前辈、鸟友请教。文字请教的话，请精准描述发现的地点、时间，以及鸟的大小、颜色等特征；如果有照片的话，也要在发完照片后，精准地描述一下拍摄的地点和时间。

第三节

水生动物观察指南

水是生命之源，地球上 70% 以上的面积被水所覆盖，它孕育了各种各样的水生动物，从肉眼看不见的微型藻类、美味可口的虾，到赏心悦目的观赏鱼类和植物等。

常见的水生动物有浮游动物、底栖动物、鱼类。浮游动物有轮虫、枝角类等，我们养鱼喂的鱼虫就属于浮游动物；底栖动物主要有贝类（比如河蚌、蛤蜊）、螺类（比如田螺、钉螺）、虾类、蟹类等。水生动物种类繁多，形态千奇百怪，生活方式也各种各样，它们都对水环境起着重要的作用。

一、为什么要观察水生动物？

水生动物可以直接反映水环境的质量变化及水生生态系统的健康状况，在生态系统中扮演着重要的角色，在维持生态系统稳定方面也起着重要的作用。同时，水生动物和人类的生产生活也密不可分，各种虾类、螺类、鱼类都是人类餐桌上的常客，人类的一些活动也在威胁着水生动物的安全，如一些人为原因引起的水污染等。因此，如何利用好水生动物，并和水生动物和谐共处，是我们需要解决的一个实际问题。水生动物多样性调研是了解水生生态系统的一种直接且有效的手段。

二、观察装备

① 实用的动物图鉴
② 吸虫器
③ 抄网
④ 鱼箱
⑤ 透明观察盒

①

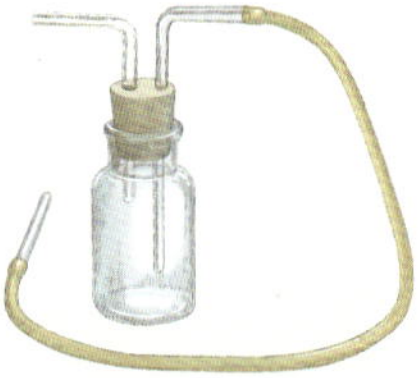

②

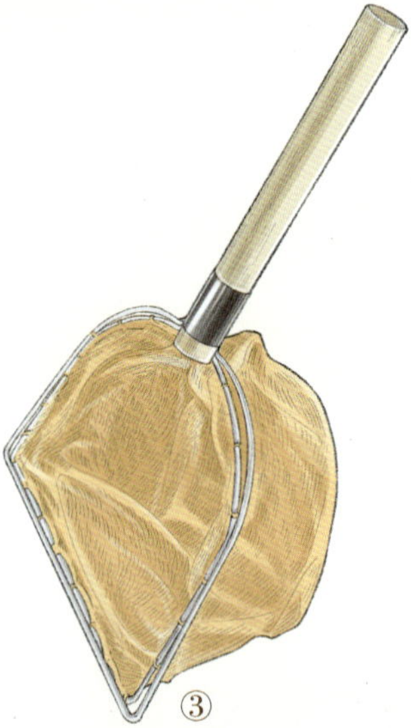

③

④

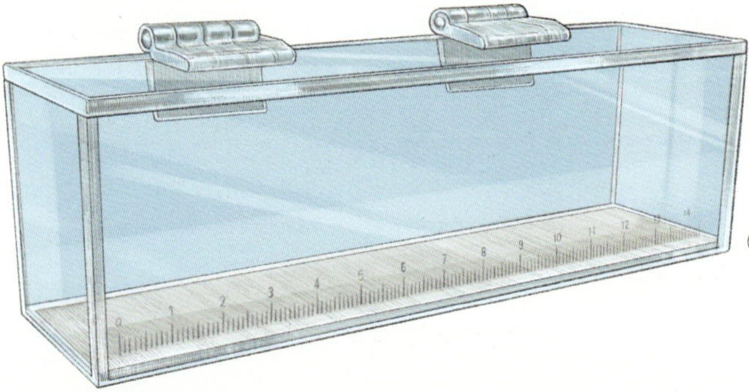

⑤

1. 水文测定装备：温度计、pH 剂、溶解氧测试剂、流速仪等。水文数据是观测水生动物时得到的重要数据，我们在观测水生动物时，务必每次进行测定和记录，否则观测意义将大打折扣。

2. 物种采集装备：抄网、浮游生物网、渔网、下水裤、吸虫器、白色托盘、钝头镊子、鱼箱和透明观察盒等。网和下水裤用于站在岸上或下水时捕捞水生动物。吸虫器用于从水中采集微小水生动物，用嘴巴吸短的吸管就可以制造负压，从而把目标生物吸入容器内。白色托盘用于把采集到的水生动物铺开。钝头镊子带防滑齿，用来夹取带硬壳的水生动物，同时不伤害它们。鱼箱用于存放捕捞到的水生动物。透明观察盒用于观察水生动物。

3. 实用的动物图鉴：一本实用的水生动物图鉴，可以帮助我们在观测时认识水生动物，在没有充足的知识储备时，图鉴是不可或缺的。

4. 本子、笔、尺子：在观测水生动物时，应及时记录一些观测情况，所以要准备笔记本、尺子和铅笔、彩色笔等。

三、去哪里观察水生动物?

学生在进行水生动物观察时，可以选择校园内的水体进行观察，也可以选择校园外的浅滩或河漫滩进行观察。在选择观察地点时，要注意兼顾不同的生境类型。

水生动物多样性的调查一般按照丰水期、枯水期及平水期来进行采样和调查，同样的观察地点，至少保证春夏两季的调查。底栖动物、浮游动物等类群则需要每季度开展一次观察，当然也可以只观察某一季节的水生动物情况。

最适宜中小学生的观察方法是市场调查法，他们可以通过访谈和市场观察来了解水生动物的种类和数量。

第四节

昆虫观察指南

在六月的夜晚，成千上万的萤火虫在灌木丛中闪烁，像是散落的星星。雄虫在空中飞舞，发出忽明忽暗的信号；雌虫则静止在草叶上，以柔和的光芒回应。这些会发光的小精灵让夏夜充满了诗意。

——法布尔《昆虫记》

一、为什么观虫？

生物多样性通常包含遗传多样性、物种多样性、生态系统多样性等，是人类赖以生存的物质基础，也是地球上的生命体经过几十亿年发展进化的结果。

昆虫作为物种多样性较高的一个生物类群，在维持生态系统的物质循环、能量流动及生态平衡方面起着重要的作用。昆虫种类繁多、世代周期短、繁殖力强，对生境的变化十分敏感，具有广泛的生物地理学和生态学探针功能。深入了解区域昆虫多样性特征以及人类活动对昆虫多样性的影响，有利于我们更好地开展区域生物多样性保护工作。

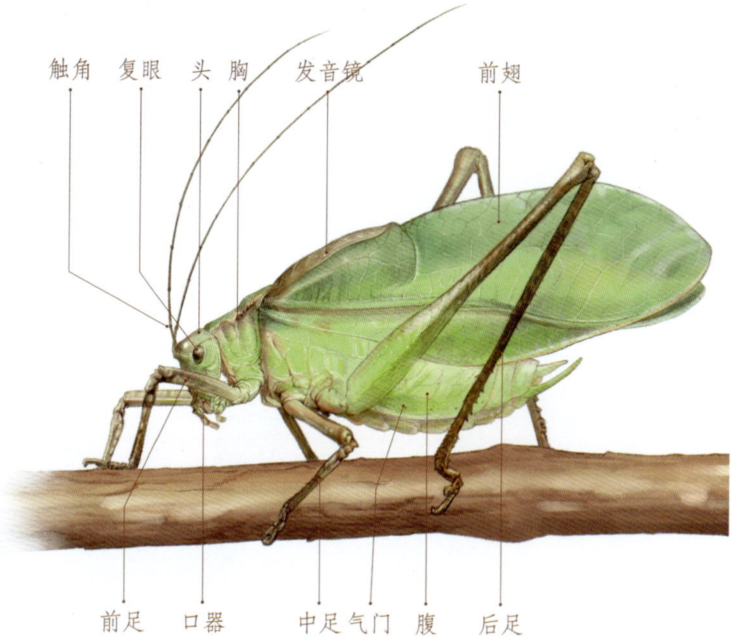

二、观虫装备

① 灯诱帐篷
② 手电筒
③ 实用的动物图鉴
④ 微距相机

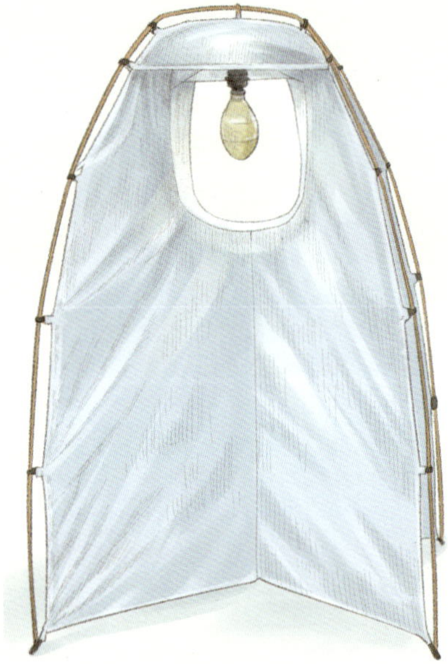

①

②

③

④

1. 头灯或手电筒：观虫基本为近距离观察，头灯或手电筒是观虫时必备的照明设备。

2. 灯诱帐篷、汞灯：这些是利用昆虫趋光性的灯诱昆虫设备。

3. 实用的动物图鉴：因昆虫种类繁多，昆虫分类图鉴通常比较厚重，无法随身携带，所以我们多会使用相机来记录昆虫的特征，回去后再针对昆虫种类查找专业图鉴。

4. 微距相机：昆虫大多体形较小，所以在记录时，就需要使用微距相机，我们只要掌握基本的摄影技巧即可。

5. 本子、笔、尺子、放大镜、镊子、生物观测盒：我们在观察时，需要准备一些辅助工具，对地点、环境、温度等一些辅助资料进行随时记录，以便回去分析物种。

三、去哪里观虫？

相较于白天，夜晚才是观虫的最佳时间。

夜观可在校园里随机搜寻，未知世界对探索者总是有着不可抗拒的吸引力，惊喜可能就出现在你的一个转身、一个抬头，夜观的最大乐趣就在于这种不确定感，所以，我们可以一路前行，遇见什么看什么，遇见什么探究什么。

夜观也可以在校园的路灯下寻找昆虫，还可以定点灯诱，酷酷的灯诱对探索者有着不可抵御的吸引力，树冠类昆虫在白天很难拍到，因为它们在白天很敏感，但是到了晚上，我们可以利用昆虫的趋光性进行灯诱，让它们“自投罗网”。

第五节 样线/样点调研基础

在校园这样生境较为单一、可视性和可通过性较好的地方，我们可使用样线法来进行调查。根据野生动物的栖息地类型、活动范围和生态习性，随机布设样线，并对样线进行编号。沿样线设置 10~20 个固定的调查位点（样点），分别赋予特定且连续的数字编号（样点编号）。校园生态系统样线长度以 1.5~2 km 为宜，样线单侧宽 150~250 m。在地形复杂、水域分布集中、可走性或可视性较差及按上述标准布设样线难度较大的区域，可根据实际情况调整样线长度，增加样线数量。

样线和样点的设置原则：①每条样线及其样点覆盖该校区主要生境类型（包括人工建筑设施）；②所有样线和样点覆盖城市校园主要生境类型，其中包括林地（阔叶林、针叶林、针阔混交林）、灌丛、草坪、湿地（河流、湖泊、池塘等），以及建筑、耕地（旱地、水田）等。③每个选定的校区设置一条或多条固定的调查样线，并赋予其特定的代号，一般是“校名简称 + 校区简称（仅一个校区可省略）+a/b/c（代表线路）”组合的汉语拼音首字母缩略词。例如，南京林业大学的第一条调查样线代号为“NLa”。

样线法的调查对象以鸟类为主，时间一般为日出后或日落前 3 小时，具体根据不同季节鸟类活动高峰期来确定。调查时匀速行走，借助望远镜等工具，边走边记录动物名称、数量及距离中线距离、天气等信息。野生动物数量较多或较难分辨时，可停留拍摄。发现较少见动物或其痕迹时，可先拍照片、拍视频或录下叫声，汇总时再进行辨识。调查应在天气良好的条件下进行，大风、中到大雨以及浓雾天气不宜进行调查。

第三章

校园物种图鉴

第一节 ■

哺乳类

哺乳类俗称“兽类”，它们是生态适应能力最强的脊椎动物类群，其足迹遍布地球上的各种生态系统。它们分布广泛，种类繁多。哺乳动物在塑造地球生态系统方面发挥着各自的作用，植食性和肉食性哺乳动物通常通过物质循环、能量流动，对陆地生态系统、淡水生态系统和海洋生态系统产生着重要影响。

据《南京市野生动物资源》记载，南京的哺乳动物有 48 种，隶属 8 目 21 科。由于生境的破坏，人类的干扰和猎捕，过去一些常见的兽类在野外几乎绝迹。校园内适宜哺乳动物的生境相对更少，依据近年来南京校园的野外调查和红外监测数据，本书仅收录了 10 种常见的哺乳类动物，隶属 6 目 9 科。

东北刺猬

Erinaceus amurensis

劳亚食虫目 Eulipotyphla

猬科 Erinaceidae

无危 LC | 三有

- 记录时间：
- 记录地点：

○ **形态特征** 尾短的猬，头体长 15~29 cm，体重 360~1000 g。头、背及体侧均覆长而尖的棘刺。耳较短。面部被覆污白色长毛，腹部刚毛及前足污白色，后足淡棕色。前后肢各 5 趾，均具爪。

○ **生　　境** 适应多种栖息地，包括城市公园、各种耕地、落叶林、灌丛、湿地草原和林地草原。

○ **生态习性** 夜行性，受惊时蜷缩成刺球状。10 月进入冬眠，春天苏醒。每年繁殖 1~2 胎，每胎 3~6 仔。主要以地栖的昆虫及其幼虫为食，兼食其他无脊椎动物和小型脊椎动物，以及植物的根和果实等。

○ **校园分布** 南京大部分校园有分布，较为常见。

▼ 朱文启 摄

东亚伏翼

- 记录时间：
- 记录地点：

Pipistrellus abramus

翼手目 Chiroptera

蝙蝠科 Vespertilionidae

无危 LC

○ **形态特征** 小型蝙蝠，头体长 4~4.8 cm，尾长 2.9~3.5 cm，耳长 1~1.2 cm，前臂长 3~3.4 cm。耳短，耳壳基部宽，端部尖圆，略呈三角形；耳屏短钝，高不及耳长之半，其内缘凹，外缘凸。翼膜起于趾基。体背面毛沙褐色，头部色较深；腹面毛色较浅淡，毛端沙灰色或灰棕色，毛基深褐色。

○ **生　　境** 栖息地很广，在水库、河流、海岸地区、低地次生林、城市公园、果园和种植园等开阔地带觅食，白天栖息于各种狭窄的建筑空间。

○ **生态习性** 夏秋季傍晚飞出活动，黎明前后返回栖处。11 月下旬大部分进入冬眠，次年 2 月下旬至 3 月开始活动。主要以鞘翅目、双翅目、膜翅目、毛翅目、鳞翅目、半翅目和同翅目等飞行昆虫为食。

○ **校园分布** 南京各校园均可见，常见。

▼ 袁屏 摄

小菊头蝠

Rhinolophus pusillus

翼手目 Chiroptera

菊头蝠科 Rhinolophidae

无危 LC

- 记录时间：
- 记录地点：

○ **形态特征** 小型蝙蝠，体长 3.5~3.7 cm，尾长 1.9~2.1 cm，前臂长 3.7~3.9 cm。鼻子有马蹄状肉叶，马蹄叶中央裂口两边各有一小乳突，马蹄叶侧面无小附叶；鞍状叶上窄下宽；连接叶顶端尖细，明显高出鞍状叶；顶叶呈尖的三角形。背毛暗褐色，腹毛淡褐色，且喉部较浅色。

○ **生　　境** 栖于自然岩洞、废弃防空洞、坑道、窑洞和房屋等狭窄阴暗空间中。在原生和次生潮湿森林中都有记录，更偏好生活在森林内部，不太适应开放环境。

○ **生态习性** 一种常见的岩洞栖息型蝙蝠，结小群，可与多种蝙蝠共栖。以蚊类等飞虫为食。

○ **校园分布** 南京各校园均可见，较为常见。

▼ 黄悦 摄

- 记录时间：
- 记录地点：

Nyctereutes procyonoides

食肉目 Carnivora

犬科 Canidae

近危 NT | 国 II（仅野外种群）

hé

貉

○ **形态特征** 头体长 45~66 cm，尾长 16~22 cm，体重 3~12.5 kg。体形小，身躯肥壮，腿较短。吻尖，头部两颊具侧生长毛。前额和鼻吻部白色，两颊连同眼周围的毛黑色，形成"八"字形黑斑。胸部、腿和足暗褐色。背部和尾部的毛尖黑色，背毛浅棕灰色，混有黑色毛尖。尾粗短。

○ **生　　境** 生活在平原、丘陵及部分山地，于靠近河川、溪流、湖沼附近的丛林中生活。

○ **生态习性** 夜行性，独居，也以家庭群生活或成对觅食。一般白昼匿于洞中，夜间出来活动。能攀登树木及游水。食性杂，食物包括两栖动物、软体动物、昆虫、鱼类、小型哺乳动物、鸟类等，其中小型啮齿类占比很大，亦食植物的根、茎、叶、浆果、种子，以及真菌。

○ **校园分布** 南京少数高校校园可见，少见。

▼ 董楚天 摄

黄鼬 yòu

Mustela sibirica

食肉目 Carnivora

鼬科 Mustelidae

无危 LC	三有

- 记录时间：
- 记录地点：

○ **形态特征** 中小体形的鼬类，身体细长而腿短，体长 28~40 cm，尾长 12~25 cm，体重 360~820 g。毛色从浅沙棕色到红黄色。绒毛较稀短，面部有黑色或暗褐色的“面罩”，吻部和下颌为白色。腹面毛色稍浅于背面，四肢、尾与身体同色，体侧无明显毛色分界线。夏季毛颜色更深，而冬季毛颜色较浅且更为密实。尾巴蓬松，长度约为头体长的一半，尾尖深色，但有时不明显。

○ **生　　境** 栖息于山地和平原，见于林缘、河谷、灌丛和草丘中，也常出没于村庄附近。适应能力极强，在城市内也可经常见到它们活动。

▼ 池艳青 摄

○ **生态习性** 在清晨和黄昏活动频繁，通常为独居。因腰软善弯曲，能穿越狭窄的缝隙，可以任意钻进鼠类等猎物的洞穴内捕食。性凶残，视觉敏锐，善于游泳；遇险时，会从肛门腺分泌臭液以自卫。它们通常在2—3月交配，会在枯木或树干下挖洞，也会利用其他动物的现成巢穴，4—6月产仔，产仔数平均5~6只。食性广泛，食物包括啮齿类、食虫类、鸟类、两栖类、无脊椎动物、植物浆果和坚果等。

○ **校园分布** 南京各校园均可见，较常见。

▲ 捕食 沈强 摄
▼ 幼体 张华 摄

鼬獾 yòu huān

Melogale moschata

食肉目 Carnivora

鼬科 Mustelidae

近危 NT | 三有

- 记录时间：
- 记录地点：

○ **形态特征**　头体长 30~43 cm。全身披深灰褐色粗毛，身体瘦长，四肢细短呈污灰色，爪尖锐而长，尾部具白色长毛，略为蓬松，尾尖白色。脸部呈黑褐色，头顶经后颈至背中央有一白色纵纹，额头至眼睛周围有明显的白毛。

○ **生　　境**　栖息于河谷及丘陵的森林、草丛中。在农田区的土丘、草地及烂木堆中亦可栖息。

○ **生态习性**　白天躲藏于树洞、土洞或岩洞内休息，日落黄昏后开始外出觅食，凌晨回洞，个别活动和觅食时间可达拂晓。喜好在干涸的水沟或小溪边觅食，用脚爪和鼻吻扒挖食物，常留下半月形的翻泥土的痕迹。杂食性，主食小型哺乳动物、鸟类、蛙类、昆虫、蜗牛、蚯蚓，以及植物的果实、根、茎等。

○ **校园分布**　南京部分高校校园可见，少见。

▼ 苏圣博 摄

- 记录时间：
- 记录地点：

Sus scrofa

鲸偶蹄目 Cetartiodactyla

猪科 Suidae

无危 LC

野猪

○ **形态特征** 头体长 90~180 cm，肩高 59~109 cm，尾长 20~30 cm，体重 50~200 kg。身体粗壮，头部大，四肢短粗，雄性体形比雌性大。体色褐色或略带黑色，具粗硬的鬃毛。雄性从头顶到颈后有一条毛脊。吻部突出，雄性犬齿特别发达，犬齿平均长 6 cm，其中 3 cm 露在嘴外；雌性野猪的犬齿较短，不露出嘴外，但也具有一定的杀伤力。幼仔体表有棕色和浅黄色相间的纵向条纹，并随年龄增长逐渐在第一年中消失。

○ **生　　境** 野猪分布于广泛多样的生境，几乎在所有野外栖息地均能发现，从森林到灌丛、草地和沼泽，并且常常侵入农地。

▼ 严少华 摄

○ **生态习性** 野猪后趾通常会在各种基底上留下印记，它们的趾比鹿的更钝，加上鼻拱地的痕迹以及散乱的黑色粪便，这些记号都能够辅助鉴别它们。在清晨和下午晚些时候最为活跃，但在受干扰地区它们会变成夜间活动，通常在日落前不久开始活动，并持续整个晚上。在进食时，用扁平而灵敏的鼻子乱翻土壤的表层，嗅出美味食物。它们会用折断的树枝堆成育儿巢，在怀孕 4 个月后的春天产仔，每胎 4~8 只。杂食性，主要食物有菌类和植物种子、果实、根、茎，偶尔也吃蠕虫、蜗牛、昆虫、小型脊椎动物和腐肉。

▲ 幼体 王臻祺 摄

○ **校园分布** 南京部分高校校园可见，较易见。

▼ 阮跃 摄

褐家鼠

- 记录时间：
- 记录地点：

Rattus norvegicus

啮齿目 Rodentia

鼠科 Muridae

无危 LC

○ **形态特征** 头体长 13~26 cm，尾长 19~25 cm，体重 230~500 g（有的可达 1 kg）。背毛有各种深浅的棕色。腋下区可能有纯白色毛。尾一般短于头体的长度，上面深棕色，下面浅灰白色，两色分界模糊，偶有全身白色或黑色的个体。

○ **生　　境** 栖息于住宅、阴沟、草堆、耕地、菜园、坟地、路旁、小河堤上。在赤道以南地区生活在人类环境中，尤其是有水的地方。

○ **生态习性** 洞系复杂，洞道长且分支多，洞最深可达 1.5 m。在纬度高、气候较冷的地方更常见。陆栖，善游泳。活动多在夜间，以午夜最活跃。会传染多种疾病，是与人类伴生的鼠类中数量较多、危害较大的一种。食性很广，会在室内窃取各种食品，并咬坏衣物及用具，在农田危害作物。

○ **校园分布** 南京各校园可见，常见。

▼ 曲利明 摄

赤腹松鼠

Callosciurus erythraeus

啮齿目 Rodentia

松鼠科 Sciuridae

无危 LC | 三有

- 记录时间：
- 记录地点：

○ **形态特征** 头体长 17~24 cm，尾长 14~27 cm，体重 280~420 g。毛色特点非常多样。背毛以褐色为主；腹毛颜色因栖息环境不同而有所差异，有栗红色、橙黄色、灰白带浅土黄色；耳颜色与背相同。江苏的赤腹松鼠胸腹部及四肢内侧为浅土黄色。后肢长于前肢，前足裸露，后足踵部有毛。尾呈扩散带状，有黑色和棕黄色斑点，有时毛尖黑色。

○ **生　　境** 生活在山地阔叶林中，农田、果园、村庄附近的树林中也有活动。

▼ 陈思 摄

○ **生态习性**　主要在黎明和黄昏活动，很灵敏地在林间跳跃。在高树枝上用树叶筑巢，其巢全年使用；冬季也可能在地下筑巢。雌性个体多居留在传统家域内，雄性成年个体和青年个体更喜欢季节性改变居住区域以应对种群密度或觅取食物的变化。嗓音较高，包括各种反捕叫声，可以针对具体天敌产生反捕行为。主要食物为各种坚果、浆果，也食鸟卵、雏鸟、昆虫等。

○ **校园分布**　南京部分校园可见，少见。

▲ 严少华 摄
▼ 张洁 摄

华南兔

Lepus sinensis

兔形目 Lagomorpha

兔科 Leporidae

无危 LC	三有

- 记录时间：
- 记录地点：

○ **形态特征**　头体长 35~45 cm，尾长 4~6 cm，体重 1~2 kg。全身毛色一致，毛短且直，有针毛。背和头淡棕色、暗棕色或浅灰黄色，经常有栗色或赤褐色；尾同背一样黄褐色，下面浅棕黄色；体腹面淡棕黄色或胸和腹中央白而略带浅土黄色。耳尖有黑色三角形斑，有眼周环纹。冬季毛浅黄色，且混有黑色毛尖。

○ **生　　境**　栖于开阔的草地边缘及山村灌木丛中。

○ **生态习性**　自身没有挖洞的习性，而是利用其他动物挖的洞。占据的洞一般有一个平整的洞口，洞口外堆有粪粒。夜行性，但白天也能见到。主要吃阔叶植物和其他植物的芽、嫩枝。

○ **校园分布**　南京部分校园可见，少见。

▼ 严少华 摄

遇见

刺猬的故事

我在学校遇见过松鼠，遇见过黄鼠狼，遇见过兔子，就是没有见过刺猬，一直有刺猬不定期地在校园各处徘徊，而我也一直试图去偶遇它们，所以总是有人在向我同步报告它们在校园里出现的消息。我一直在探寻它们出现的规律，寻找一种能让我长期遇见这些刺猬的方式，或是说，我一直在分析，究竟是什么原因让这群刺猬安心地定居在了我们的校园里。

栖息地的质量和人类的干扰是影响物种丰富度的重要因素。不同的物种对人类活动干扰的适应程度有着明显的差异，在高度城市化的今天，有一些动物能够迅速适应城市建设和人类影响，学会在钢筋水泥和玻璃幕墙之间穿行；另一些对栖息地质量要求更高的动物则逐渐远离城市，甚至有些动物就此消失了。东北刺猬是典型的伴人生存的城市野生动物，作为高度适应城市的野生动物，它们出没于城市的各种空间——楼底的通风层、学校的假山、小花园的工具屋、桥墩缝隙、废弃的下水道、公园的绿化带、山林的隐蔽处……这些城市空间给它们提供水源、隐蔽空间、充足食物……它们在暮色下游荡，选择合适的觅食方式——猎食或是捡食。

东北刺猬的移动速度并不是非常迅速的，为了减少危险，它们通常会回避开阔的空地，选择在灌丛中活动。校园里区域性地种植了多样化的木本及草本植物，这些不同的生境类型使得刺猬在栖息地的选择上具有更好的灵活性，这些草丛、灌木，或是存在于景观中的遮蔽物，都可以被视作是栖息地的屏障或保护，成为这些脆弱和胆小物种的庇护所和移动廊道，不仅方便刺猬的躲藏，还保护了刺猬筑巢、繁殖、栖息、养育幼仔和躲避捕食者，也便于刺猬感知到更多的环境信息，悄悄接近和跟踪潜在的猎物。

曾经有人提出过一个问题，刺猬冬眠期间如果醒来（刺猬的冬眠并不是几个月的沉睡，而是持续几天到几周不等的休眠），做的第一件事情是什么？是喝水，它们需要寻找水源。水源对于野生动物的生存至关重要，和人类一样，所有的野生动物都需要一定程度的水消耗才能生存和繁殖。小型动物的生境距水源地越近，对其生存越有利。我曾经并不知道刺猬是会游泳的，直到我在河里发现了淹死的刺猬，才知道刺猬不但会游泳，而且游得还很不错，只是刺猬的腿太短了，它们爬不上高高的硬化河岸，所以淹死了。校园里有着大量的草坪喷水器和喷水后形成的临时湿地等，安全且稳定，即使在旱季，也不会让刺猬们口渴。

刺猬有天敌吗？有，强壮的狗獾、大型的猫头鹰都是它们的天敌。刺猬一旦遇到危险，就会把自己缩成一个球，这算是超强防御了，但是就算刺猬使劲缩成球，也会被天敌的尖嘴或是爪子硬掰开，解除防御形态，露出柔软的腹部。狐狸、狼和流浪狗也会伤害刺猬，这也是为什么有人告诉我养狗就可以找到刺猬的原因。在人类占主导的校园中，这些大型捕食性动物都不存在，所以校园非常适合刺猬的生存。

还有食物，食物的可获得性是一个栖息地的基本条件。刺猬食性很杂，它极少吃树叶、野果等素食，一般以各种昆虫和软体动物为食，小型鸟类、幼鸟、鸟蛋、小型蜥蜴和两栖动物也是它的捕食对象，肚子饿的时候，它还能捕捉蛇来打牙祭。在乡村的很多地方，因为杀虫剂、除草剂、肥料的使用，无脊椎动物的数量明显下降，这导致了以刺猬为代表的食虫动物的食物供应减少了，而可以提供大量人类食物的校园为刺猬提供了宝贵的食物资源，刺猬可以光顾我们人类产生的湿垃圾以补充能量。有人告诉我，关注校园流浪猫可以找到刺猬，因为有着强大适应能力的刺猬可以凭借自己强大的防御能力，在与流浪猫的资源争夺中不落下风，为自己争取足够的食物——它们抢走了我们投喂给流浪猫的猫粮……这种轻而易举可以获得的“美餐”，减轻了它们觅食的负担。

傍晚或者夜晚散步的时候，你们可以尝试去校友林（东南大学九龙湖校区），或是在你们校园合适的遮蔽物下，去偶遇一只在校园里快乐生活的刺猬。

第二节 ■

鸟类

鸟类是体表被覆羽毛，前肢特化为翼（有些退化），身体恒温，卵生繁殖的脊椎动物。自然界动物种类繁多，鸟类是与人类关系十分密切的脊椎动物类群。鸟类是生态系统的重要组成部分，鸟类捕食昆虫等无脊椎动物和小型啮齿类动物，对它们有密度制约作用。此外，鸟类起着种子的传播和营养物质的输送，参与生态系统能量流动和物质循环，维持生态系统的稳定等作用。

据 2021 年南京市生态环境局全域范围内生物多样性本底调查可知，南京市共记录鸟类 334 种，隶属 20 目 66 科。近年来，随着民众对观鸟活动热情高涨，南京市鸟类多样性得到了进一步的发掘。据江苏观鸟会发布的《南京市鸟类名录 3.0》可知，南京现有鸟类 365 种，隶属 19 目 68 科。受外界观鸟热的影响，南京校园观鸟活动也得到了快速发展，很多学校成立了自然观察协会，系统统计了校园鸟类的数据。据不完全统计，南京校园鸟类物种超过 180 种，由于不同校园生境组成差异较大，本书收录了 80 种校园中较为常见的鸟类，隶属 15 目 36 科。

灰胸竹鸡

Bambusicola thoracicus

鸡形目 Galliformes

雉科 Phasianidae

无危 LC	三有

- 记录时间：
- 记录地点：

○ **形态特征**　一种中等体形的红棕色雉类，体长 24~38 cm，雄雌同色。特征为额、眉线及颈项蓝灰色，与脸、喉及上胸的棕色成对比。上背、胸侧及两肋有月牙形的大块褐斑。尾较短，外侧尾羽栗色；飞行翼下有两块白斑。雄鸟脚上有距。虹膜红褐色，喙褐色，脚绿灰色。

○ **生　　境**　栖息于山区、平原的灌丛、竹林及草丛。

○ **生态习性**　常结群活动，3~5 只或 10 多只不等，时常排成单行队形行进。夏季多在山腰和山顶活动，冬季移至山脚、溪边和丛林中觅食。晚上在横树枝上排成一串，互相紧靠取暖。以家庭群栖居。喜隐伏，飞行力不强。善于鸣叫，且鸣声响亮。食杂草种子、嫩芽、柔叶、谷粒、颗粒型果实，以及蝗虫、蚂蚁、白蚁和蠕虫。

○ **校园分布**　南京部分校园可见，少见。

▼ 严少华 摄

• 记录时间：

• 记录地点：

斑嘴鸭

Anas zonorhyncha

雁形目 Anseriformes

鸭科 Anatidae

无危 LC | 三有

○ **形态特征** 一种中等体形的深褐色鸭，体长 50~64 cm，雌雄毛色相似。上喙黑色，先端黄色，脚橘红色，具全蹼，脸至上颈侧、眼先、眉纹、颏和喉均为淡黄白色。翼镜蓝紫色，具金属光泽。

○ **生　　境** 栖息在内陆各类大小湖泊、水库、江河、水塘、河口、沙洲和沼泽地带。

○ **生态习性** 除繁殖期，常成群活动，也和其他鸭类混群。活动时，常成对或分散成小群游泳于水面；休息时，多集中在岸边沙滩或水中小岛上。清晨和黄昏则成群飞往附近农田、沟渠、水塘和沼泽地上寻食。繁殖期为 5—7 月，营巢于湖泊、河流等水域岸边的草丛中。主要吃植物性食物，常见的主要为水生植物、藻类或谷物种子，也吃昆虫、软体动物等动物性食物。

○ **校园分布** 南京部分校园可见，少见。

龚德文 摄

绿头鸭

Anas platyrhynchos

雁形目 Anseriformes

鸭科 Anatidae

无危 LC | 三有（仅野外种群）

- 记录时间：
- 记录地点：

○ **形态特征** 一种体形较大的鸭，为家鸭的野型，体长 47~62 cm，雌雄异色。雄鸭嘴黄绿色，脚橙黄色，具全蹼，头和颈辉绿色，颈部有一明显的白色领环。上体黑褐色，腰和尾上覆羽黑色，两对中央尾羽亦为黑色，且向上卷曲成钩状。翅、两胁和腹灰白色，具紫蓝色翼镜。雌鸭嘴黑褐色，嘴端暗棕黄色，亦具有紫蓝色翼镜。

○ **生　　境** 栖息于水生植物丰富的开阔湖泊、水库、江河、沙洲。

○ **生态习性** 除繁殖期，常成群活动，觅食多在清晨和黄昏。繁殖期为4—6月。营巢于水域岸边的草丛中或倒木下的凹坑处。主要以野生植物茎叶、水藻和谷物种子等植物性食物为食，也吃软体动物、甲壳类、水生昆虫等动物性食物。

○ **校园分布** 南京部分校园可见，少见。

▼ 严玮岑 摄

雄

▼ 严玮岑 摄

雌

- 记录时间：
- 记录地点：

Tachybaptus ruficollis

䴙䴘目 Podicipediformes

䴙䴘科 Podicipedidae

无危 LC | 三有

小䴙(pì)䴘(tī)

○ **形态特征** 一种体形较小的䴙䴘，体长 25~30 cm。成鸟夏羽鲜艳，上体黑褐色；眼先、颏、上喉黑褐色；下喉、耳羽、颈侧为红栗色。成鸟冬羽浅棕褐色，头顶和后颈黑褐色；上体余部灰褐色。足具瓣蹼。

○ **生　　境** 一般栖息于湖泊、池塘等环境中。

○ **生态习性** 善于游泳和潜水，常潜水取食。两翅短，不能久飞，飞行时，全身伸直而斜向前方，离水面不远。脚弱，登陆时不能直立。性怯懦，常匿居草丛间，或成群在水面游荡，一遇惊扰，立即潜入水中。繁殖时，巢用水草拗折交错而成，浮于水面。刚孵出的雏鸟，满披绒羽，能在水中自由潜泳，喜欢在成鸟身上“搭车”。主要以水生昆虫及其幼虫、小鱼和小虾等为食。

○ **校园分布** 南京各校园均有分布，常见。

▼ 非繁殖羽　严少华 摄

▼ 繁殖羽　严少华 摄

夜鹭

Nycticorax nycticorax

鹈形目 Pelecaniformes

鹭科 Ardeidae

无危 LC | 三有

- 记录时间：
- 记录地点：

○ **形态特征**　中等体形的鹭，体长 46~60 cm。头顶、后颈、肩和背蓝黑色；额基和眉纹白色，头枕部着生有若干条带状白色饰羽，下垂至背上；腰、两翅和尾羽灰色；下体白色而满缀以暗褐色细纵纹。虹膜红色，喙先端黑色，基部黄绿色，脚黄色，具半蹼。幼鸟上体暗褐色，缀有淡棕色羽干纹和白色或棕白色星状端斑。

○ **生　　境**　栖息于平原和低山丘陵地区的溪流、水塘、江河、沼泽。

○ **生态习性**　喜结群，常成小群于早晨、黄昏和夜间活动，白天隐藏于僻静处，成群栖息在湖中小岛树木的枝叶丛中，也有单独活动的。一般缩颈长期站立一处不动，身体呈驼背状。繁殖期为 4—7 月，集群营巢于高大的树上。主要以鱼、蛙、虾、水生昆虫等动物性食物为食。

○ **校园分布**　南京各校园均有分布，常见。

▼ 成鸟　沈强　摄

▼ 幼鸟　阮跃　摄

池鹭

- 记录时间：
- 记录地点：

Ardeola bacchus

鹈形目 Pelecaniformes

鹭科 Ardeidae

无危 LC | 三有

○ **形态特征** 一种体形偏小的鹭，色彩较为鲜艳，体长 37~54 cm。夏羽头、颈和前胸栗红色，羽端呈分枝状；背部羽毛甚长，呈披针形，颜色蓝黑色，一直延伸到尾。腹、两胁及两翅全为白色。冬羽头顶、颈部及前胸白色而具密集的褐色条纹。虹膜黄色，喙黄色，尖端黑色，脸和眼先裸露皮肤黄绿色，脚暗黄色，具半蹼。

○ **生　　境** 栖息于稻田、池塘、湖泊、水库和沼泽湿地等水域。

○ **生态习性** 常单独活动或成小群活动，有时也集成数十只的大群。繁殖期为 3—7 月，营巢于水域附近高大树木的树梢上或竹林上，常成群营群巢，也常与白鹭和牛背鹭在一起营巢。主要以动物性食物为食，包括鱼、虾、螺、蛙、水生昆虫、蝗虫等。

○ **校园分布** 南京各校园均有分布，常见。

▼ 非繁殖羽　张洁　摄

▼ 繁殖羽　张洁　摄

白鹭

Egretta garzetta

鹈形目 Pelecaniformes

鹭科 Ardeidae

无危 LC　三有

- 记录时间：
- 记录地点：

○ **形态特征**　一种中等体形的白色鹭，体长 52~68 cm，雌雄同色。身体纤细，全身白色。夏羽枕部有两根双辫状细长饰羽，胸前生矛状长羽，前颈和背着生蓑羽，眼先裸皮淡粉色。繁殖期后饰羽及蓑羽脱落，冬季眼先裸皮黄绿色。虹膜黄色，喙黑色，胫和跗跖黑绿色，趾黄绿色。

○ **生　　境**　常栖息于平地至低海拔之溪流、水田、鱼塘、沼泽、河口、沙洲地带。

○ **生态习性**　部分于冬季南迁。喜集群，常成小群活动于水边浅水处。常一脚站立于水中，另一脚曲缩于腹下，头缩至背上呈"S"状。觅食时，脚探入水中搅动后，捕食受惊吓的鱼。繁殖期为 3—7 月，集群营巢于高大的树上。以各种小鱼、蛙、虾、水生昆虫等动物性食物为食。

○ **校园分布**　南京各校园均有分布，常见。

▼ 非繁殖羽　张燕宁 摄

▼ 繁殖羽　池艳青 摄

- 记录时间：
- 记录地点：

黑水鸡

Gallinula chloropus

鹤形目 Gruiformes

秧鸡科 Rallidae

无危 LC | 三有

○ **形态特征** 一种中等体形的黑色秧鸡，体长约 33 cm，雌雄形态相似。体羽总体深灰黑色，两胁有白色条纹，尾下覆羽两侧白色，尾部上翘时格外明显。喙部前段黄色，中后段覆有从额部延伸而来的红色角质层。亚成鸟总体灰褐色，喉灰白色，前胸棕褐色，后胸及腹灰白色。

○ **生　　境** 栖息于河道、湖泊、水沟等多种水域生境，尤其喜欢周围植被较茂密的环境。

○ **生态习性** 由于脚趾长，因此在睡莲、芡实等浮叶植物上行走自如。喜在岸边或离岸较近的水域涉水行进并寻找食物，也时常漂浮划水，在水面攫取或将头伸入水中探取食物；有时亦到岸上草地觅食，偶尔也会上树。杂食性，食物包括水生昆虫、小鱼、小虾、软体动物及水生植物等，以植物为主。

○ **校园分布** 南京各校园均有分布，常见。

▼ 常兆骏 摄

灰头麦鸡

Vanellus cinereus

鸻形目 Charadriiformes

鸻科 Charadriidae

无危 LC | 三有

- 记录时间：
- 记录地点：

○ **形态特征** 一种体形较大的棕灰色麦鸡，体长约 35 cm，雌雄相似。肩背部及中覆羽、内侧大覆羽灰褐色，外侧大覆羽及次级飞羽白色，初级覆羽及初级飞羽黑色，尾羽前部白色、后部有黑色大斑块；头颈和胸部铅灰色；胸部与腹部交界处有粗黑纹形成黑色胸带图案。虹膜红色，眼圈黄色；喙部短且直，前端黑色，余部黄色；脚爪黄色。

○ **生　　境** 栖息于草地、菜地、水田等多种生境。

○ **生态习性** 常成对活动，生性喧闹机警，常发出急躁粗厉的“滴哩，滴哩”的叫声；常选择草地上的小凹坑营巢，垫以杂草、碎枝等材料；领域性极强，护巢行为十分激烈，人或其他动物闯入其领域即大叫乃至发起进攻予以驱离。于地面上取食各种昆虫。

○ **校园分布** 南京部分校园可见，少见。

▼ 阮跃 摄

- 记录时间：
- 记录地点：

Tringa ochropus

鸻形目 Charadriiformes

鹬科 Scolopacidae

无危 LC | 三有

白腰草鹬 (yù)

○ **形态特征** 一种体形较小的深灰色鹬，体长约 23 cm，雌雄相似。非繁殖羽头部、颈部和胸部灰色，其中头顶灰色渲染较浓，颈部和胸部杂有斑驳条纹，眼先上方色泽较浅；肩羽和覆羽的羽缘具有深浅相间斑纹；腹部和胁部白色；腰部白色，尾羽具较粗的黑白相间横纹。繁殖羽头颈部深浅斑驳条纹对比更加明显。虹膜深褐色；喙较长且直，深灰色；脚青灰色。

○ **生　　境** 栖息于平原或山地丘陵的水塘、湖泊、溪流等生境。

○ **生态习性** 较其他鹬类更喜欢环境相对遮蔽的水域，尤其是周围水草较多的小水塘或小河，很少进入开阔水域。通常单独活动，边走边上下摆动尾巴，警觉时频频点头，继而惊飞并发出“kee，wee”的叫声。取食水生昆虫、软体动物、草籽等。

○ **校园分布** 南京部分校园可见，少见。

▼ 韩永祥 摄

山斑鸠

Streptopelia orientalis

鸽形目 Columbiformes

鸠鸽科 Columbidae

无危 LC | 三有

• 记录时间：

• 记录地点：

○ **形态特征** 一种中等体形的斑鸠，体长约 32 cm，雌雄相似。颈部有明显的黑白相间条带状斑纹。头颈胸和腰尾部为灰色，腹部为灰橙色，两翅覆羽和背部羽毛为内深灰、外棕红。尾羽末端为灰白色，飞行时可见尾端有灰白色横带，这是飞行时区分种类的依据。虹膜橙色，喙灰色，脚粉色。

○ **生　　境** 多活动在林地、公园和农田中。

○ **生态习性** 常成对活动或单独活动，有时也集群活动。觅食时，在地上边走边觅食，姿态与家鸽类似；起飞时，发出较大的“噗噗”声。叫声一般为两低两高的“咕咕，咕咕”声，容易辨识。繁殖期为 3—7 月，营巢于高大树木的枝丫上，用细树枝堆集出简陋的盘状巢，产卵后，雌雄轮流孵化，共同育雏。食物以各种植物的种子为主。

○ **校园分布** 南京各校园均有分布，常见。

▼ 张洁 摄

- 记录时间：
- 记录地点：

珠颈斑鸠

Spilopelia chinensis

鸽形目 Columbiformes

鸠鸽科 Columbidae

无危 LC | 三有

○ **形态特征** 一种中等体形的斑鸠，体长约 30 cm。雌雄外形相似，整体为粉褐色，头和两肩青灰色，两翅略有花纹，胸腹部偏粉。显著特征为颈部独特的黑白色珠状花纹。与其他斑鸠相比，尾较长，且外侧尾羽前端白色较宽，起飞时可见两侧醒目白斑，易于辨识。虹膜橘黄色，喙深灰色，脚红色。

○ **生　　境** 多活动在平原、小区和村庄。

○ **生态习性** 常成对活动，有时也集小群活动。叫声一般为反复的“咕咕咕”声或“咕咕咕，咕”声，叫声第三音节较长，鸣声响亮。求偶时，雄鸟会扇翅高飞，而后盘旋而下，继而重复这一动作；或蹲在雌鸟面前，鼓起喉囊，头一抬一低地“咕咕”鸣叫。营巢于高大树木的枝丫上，市区常见于阳台花盆中。食物以各种植物的种子为主。

○ **校园分布** 南京各校园均有分布，常见。

吴云良 摄

噪鹃

Eudynamys scolopaceus

鹃形目 Cuculiformes

杜鹃科 Cuculidae

无危 LC　三有

- 记录时间：
- 记录地点：

○ **形态特征**　一种体形较大的杜鹃，体长约 42 cm，尾较长。雌雄异型，雄性全身纯蓝黑色，有金属光泽。雌性全身暗褐色、杂白色；头部白色斑点泛黄，为较长纵纹且较细密，背和两翅白色斑点排列较稀疏；颏至上胸黑色，密布白色斑点，其余下体白色，具棕黑色横斑。虹膜红色，喙浅绿色，脚蓝灰色。

○ **生　　境**　栖息于各种树林中，行踪隐蔽，很难被看到。

○ **生态习性**　叫声独特，易于辨识，为响亮的“kow，wow”声，第二音节重复数次，叫声在树林中很有穿透力。营寄生，自己不营巢孵化，通常会将卵产在灰喜鹊、喜鹊、红嘴蓝鹊和黑领椋鸟等食性相似的鸟的巢中，由其代为抚育。食性比较杂，以各种果实、种子和昆虫为食。

○ **校园分布**　南京各校园均有分布，常见。

严少华 摄

周强 摄

- 记录时间：
- 记录地点：

大鹰鹃

Hierococcyx sparverioides

鹃形目 Cuculiformes

杜鹃科 Cuculidae

无危 LC | 三有

○ **形态特征** 一种体形较大的灰褐色杜鹃，形态似鹰，体长约 40 cm。尾部次端斑棕红色，尾端白色；胸棕色，具白色及灰色斑纹；腹部具白色及褐色横斑；颏黑色。虹膜橘黄色，上喙黑色，下喙黄绿色，脚浅黄色。亚成鸟上体褐色，带棕色横斑；下体黄褐色，带黑色纵纹。

○ **生　　境** 一般栖息于山林、山旁平原，冬天常到平原地带活动。

○ **生态习性** 隐蔽于树冠中，繁殖季节发出“贵贵阳”的叫声，音速不断加快，音调不断升高，白天或夜间都可听到。繁殖期为 4—7 月，寄生于喜鹊等鸟类巢中，产 1~2 枚卵。食物以昆虫为主。

○ **校园分布** 南京各校园均有分布，常见。

周强 摄

斑头鸺(xiū)鹠(liú)

Glaucidium cuculoides

鸮形目 Strigiformes

鸱鸮科 Strigidae

无危 LC | 国 II

- 记录时间：
- 记录地点：

○ **形态特征** 一种体形较小的“无耳型”猫头鹰，体长 22~26cm。头颈和整个上体包括两翅表面棕褐色，密布细狭的棕白色横斑，尤以头顶横斑特别细小而密，面盘不明显。眉纹白色，较短窄，喙周围被覆棕色刚毛状羽。胸和两胁具棕褐色横斑，腹部具棕褐色纵斑。虹膜黄色，喙黄色偏绿，脚黄绿色，爪黑色。

○ **生　　境** 栖息于平原、低山丘陵的树林中。

○ **生态习性** 主要在夜晚活动，但有时白天也活动。大多单独活动或成对活动。叫声一般分两部分：前段为较短促的低沉颤音“喔喔喔”，后段为音量逐渐升高的“咽咽咽咽咽咽咽——”，高亢嘹亮，叫声最长可持续十几秒，可以传出很远。食物以各种昆虫为主，也吃蛙、蜥蜴、鸟、鼠等。

○ **校园分布** 南京部分校园可见，少见。

▼ 吴云良 摄

- 记录时间：
- 记录地点：

凤头鹰

Accipiter trivirgatus

鹰形目 Accipitriformes

鹰科 Accipitridae

近危 NT | 国 II

○ **形态特征**　一种中等体形的鹰，体长 41~49 cm。雌鸟明显大于雄鸟。飞行时，可见翼指 6 枚。头部具有羽冠。成年雄鸟上体灰褐色，两翼及尾具横斑，下体棕色，胸部具白色纵纹，腹部及大腿白色带黑色粗横斑，颈白，有近黑色纵纹至喉，具两道黑色髭纹。雌鸟头颈颜色较深，而胸背颜色较淡。蜡膜黄色，喙灰色，脚及脚趾黄色。

○ **生　　境**　通常栖息在海拔 2000 m 以下的山地树林中。

○ **生态习性**　常躲藏在树叶丛中，有时也栖息于空旷处孤立的树枝上，不甚惧人。飞行缓慢，有时也利用上升的热气流在空中盘旋和翱翔，盘旋时，两翼常往下压和抖动。主要在森林中的地面上捕食，常静立在树枝丛间，发现猎物时才突然出击。主要以昆虫、蛙、蜥蜴、蛇、鼠等动物为食，也吃鸟类。

○ **校园分布**　南京部分校园可见，少见。

▼ 严少华 摄

黑鸢 yuān

Milvus migrans

鹰形目 Accipitriformes

鹰科 Accipitridae

无危 LC　国 II

- 记录时间：
- 记录地点：

○ **形态特征**　一种中等体形的深褐色鹰，体长 54~66 cm，雌雄相似。飞行时，可见翼指 6 枚。浅叉型尾为本种识别特征，飞行时，尾张开可成平尾。初级飞羽基部浅色斑与近黑色的翼尖成对照。头有时比背色浅。虹膜黄色，喙灰色，脚黄色。 亚成鸟似成鸟，但背部、胸腹部与覆羽可见不规则白斑和黄色纵纹。

○ **生　　境**　喜开阔的乡村、城镇，常见于河流周边、沿海地区和海岛。

○ **生态习性**　飞行平稳，常优雅地盘旋或作缓慢振翅飞行。停息于柱子、电线、建筑物或地面上。白天活动，常成群。视力很敏锐，在高空盘旋时即能看见地面动物的活动。主要以鱼等动物性食物为食，有时也会在垃圾堆找腐食。

○ **校园分布**　南京各校园均有分布，常见。

▼ 周强 摄

- 记录时间：
- 记录地点：

红隼

sǔn

Falco tinnunculus

隼形目 Falconiformes

隼科 Falconidae

无危 LC	国 II

○ **形态特征** 一种体形较小的红褐色隼，体长 33~39 cm。飞行时，翼指不明显。雄鸟头顶及颈背灰色，尾蓝灰色且无横斑，上体赤褐色且略具黑色横斑，下体皮黄色且具黑色纵纹。雌鸟体形略大，上体全褐色，比雄鸟少赤褐色且多粗横斑。虹膜褐色，喙灰色而端黑色，脚黄色。亚成鸟形态似雌鸟。

○ **生　　境** 栖息于除茂密的大森林以外的大多数生境。

○ **生态习性** 常单独活动或成对活动。飞翔时，两翅快速扇动，偶尔短暂滑翔。多在空旷地区孤立的高大树木的树梢上或者电线杆上停息。飞行能力强，喜逆风飞翔，可快速振翅悬停于空中。取食迅速，见地面有食物时，便迅速俯冲捕捉，也可在空中捕捉小型鸟类和蜻蜓等。主要以鼠类、小型鸟类及昆虫为食，也可捕食两栖动物及小型爬行动物。

○ **校园分布** 南京各校园均有分布，较常见。

▼ 郝夏宁 摄

雄

▼ 周强 摄

雌

普通翠鸟

Alcedo atthis

佛法僧目 Coraciiformes

翠鸟科 Alcedinidae

无危 LC | 三有

- 记录时间：
- 记录地点：

○ **形态特征** 一种体形较小的蓝绿色翠鸟，体长 15~17 cm，雌雄较相似。额、头顶、枕和后颈黑蓝色，前额侧部、颊、眼后和耳覆羽栗棕红色，耳后有一白色斑；颧纹蓝绿黑色，背至尾上覆羽翠蓝色。雄鸟上下喙均为黑褐色，雌鸟下喙为红褐色。

○ **生　　境** 栖息于有灌丛或疏林的水清澈而缓流的小河、溪涧、湖泊以及灌溉渠等水域。

○ **生态习性** 常单独活动或成对活动。常独栖在近水边的树枝上或岩石上，伺机猎食。捕鱼本领很强。为一夫一妻制。翠鸟求偶时，雄鸟努力捉鱼喂给雌鸟。食物以小鱼为主，兼吃甲壳类和多种水生昆虫及其幼虫，也食小型蛙类。

○ **校园分布** 南京各校园均有分布，常见。

陈思 摄

严少华 摄

• 记录时间：

• 记录地点：

斑姬啄木鸟

Picumnus innominatus

啄木鸟目 Piciformes

啄木鸟科 Picidae

无危 LC | 三有

○ **形态特征** 一种体形娇小的棕色啄木鸟，体长 9~10.5 cm，雌雄较相似。雄鸟额至后颈栗色或烟褐色，头顶前部缀以橙红色。斑姬啄木鸟的背至尾上覆羽橄榄绿色，两翅灰色，外缘沾黄绿色，翼缘近白色，翅上覆羽和内侧飞羽与背部颜色相近。尾羽黑色，中央一对尾羽内侧白色或黄白色，外侧 3 对尾羽有宽阔的斜行白色或淡黄白色次端斑。喙近黑色，脚灰色。

○ **生　　境** 栖息于海拔 2000 m 以下低山丘陵和山脚平原的常绿或落叶阔叶林中。

○ **生态习性** 常单独活动，较少像其他啄木鸟那样在树干攀缘。繁殖期为 4—7 月，营巢于树洞中。主要以蚂蚁、甲虫等昆虫为食，多在树枝上觅食，也会在地上觅食。

○ **校园分布** 南京各校园均有分布，较常见。

▼ 严少华 摄

灰头绿啄木鸟

Picus canus

啄木鸟目 Piciformes

啄木鸟科 Picidae

无危 LC | 三有

- 记录时间：
- 记录地点：

○ **形态特征** 一种中等体形的绿色啄木鸟，体长 28~33 cm，雌雄较相似，仅雄鸟额为红色。背和翅上覆羽橄榄绿色，腰及尾上覆羽绿黄色。中央尾羽橄榄褐色，端部黑色，外侧尾羽黑褐色且具暗色横斑。下体颏、喉和前颈灰白色，胸、腹和两胁灰绿色，尾下覆羽灰绿色，羽端草绿色。虹膜红褐色；喙整体黑灰色，下喙基本为黄色。

○ **生　　境** 栖息于低山阔叶林和针阔混交林，也出现于次生林和林缘地带。

○ **生态习性** 觅食时，常由树干基部螺旋上攀，当到达上部时，又飞到另一棵树的基部再往上搜寻，能把树皮下的害虫用长舌粘钩出来。常单独或成对活动，很少成群。飞行迅速，呈波浪式前进。主要以鳞翅目、鞘翅目等昆虫为食，偶尔也吃植物果实和种子。

○ **校园分布** 南京各校园均有分布，较常见。

▼ 严少华 摄

▼ 黄涛 摄

• 记录时间：

• 记录地点：

星头啄木鸟

Picoides canicapillus

啄木鸟目 Piciformes

啄木鸟科 Picidae

无危 LC | 三有

○ **形态特征**　一种体形较小的黑白色啄木鸟，体长 14~16 cm，雌雄较相似，雄鸟眼上方具红色。耳覆羽淡棕褐色。枕、后颈、上背和肩黑色；下背和腰白色且具黑色横斑；领纹白色或暗灰褐色，头侧和颈侧棕褐色；耳覆羽之后有一块黑斑。颏、喉白色或灰白色，其余下体污白色，满布黑褐色纵纹。下腹中部至尾下覆羽纵纹细弱而不明显。虹膜棕红色或红褐色，喙铅灰色或铅褐色，脚灰黑色或淡绿褐色。

○ **生　　境**　栖息于山地和平原林地中。

○ **生态习性**　常单独活动或成对活动。多在树中上部活动和取食。飞行迅速，呈波浪式前进。主要以天牛、小蠹虫、蚂蚁、蜻象以及其他鞘翅目和鳞翅目昆虫为食，偶尔也吃植物果实和种子。

○ **校园分布**　南京各校园均有分布，常见。

严少华 摄

雄

严少华 摄

雌

大斑啄木鸟

Dendrocopos major

啄木鸟目 Piciformes

啄木鸟科 Picidae

无危 LC	三有

- 记录时间：
- 记录地点：

○ **形态特征**　一种常见的中等体形的黑白色啄木鸟，体长 20~24cm，雌雄较相似，雄鸟枕部具狭窄红色带，而雌鸟无。两性臀部均为红色，带黑色纵纹的近白色胸部上无红色或橙红色。虹膜近红色，喙灰色，脚灰色。

○ **生　　境**　栖息于山地和平原林地中。

○ **生态习性**　攀树木觅食时，以喙叩树，叩得非常快，好像击鼓一般。察觉有虫时，就啄破树皮，以舌探入钩取害虫为食。主要以各种昆虫为食，也吃蜗牛、蜘蛛等其他小型无脊椎动物，偶尔也吃橡实、松子、稠李等植物性食物。

○ **校园分布**　南京各校园均有分布，常见。

▼ 严少华 摄

▼ 陈思 摄

- 记录时间：
- 记录地点：

Upupa epops

犀鸟目 Bucerotiformes

戴胜科 Upupidae

无危 LC | 三有

戴胜

○ **形态特征** 一种中等体形的长嘴鸟，体长约 30 cm，雌雄相似。头、颈、胸淡棕黄色。羽冠显著，冠羽末端有黑斑。上背和翼上小覆羽为棕褐色；下背和肩羽黑褐色且杂以棕白色的羽端和羽缘；上、下背间有黑色、棕白色、黑褐色三道带状斑及一道不完整的白色带状斑；腰白色；尾上覆羽基部白色，端部黑色。虹膜褐色至红褐色；喙细长，前端黑色，基部淡铅紫色；脚铅黑色。

○ **生　　境** 栖息于农田、林缘、草地等开阔地，尤以林缘常见。

○ **生态习性** 大多单独活动或成对活动。性活泼，喜开阔潮湿地面。有警情时，冠羽立起，起飞后松懈下来。鸣声似“扑，扑，扑”，粗壮而低沉。主要以直翅目、膜翅目、鞘翅目和鳞翅目的昆虫为食，也吃其他小型无脊椎动物。

○ **校园分布** 南京各校园均有分布，常见。

▼ 苏圣博 摄

小灰山椒鸟

Pericrocotus cantonensis

雀形目 Passeriformes

山椒鸟科 Campephagidae

无危 LC | 三有

- 记录时间：
- 记录地点：

○ **形态特征** 一种体形纤细的小型雀，体长约 18 cm，雌雄羽色相似。前额、头顶前部呈白色，头顶后部、枕部、眼先、眼后、颈部呈灰白色，背部呈暗灰色或灰黑色。两翅为黑色略带褐色，腰部及尾上覆羽呈沙褐色或褐黄色，尾黑色，边缘白色。喉部为白色，胸腹部为白色或沾染牙黄色。虹膜黑褐色，喙黑色，脚黑色。雌鸟较雄鸟褐色更多。亚成体与成鸟相似。

○ **生　　境** 栖息于较为开阔的落叶林及常绿林中。

○ **生态习性** 迁徙季节成群活动，繁殖季节多单独活动。叫声为连续细碎的颤音，不擅鸣叫。营巢于落叶阔叶林和红松阔叶混交林中高大树木的侧枝上。巢呈碗状。主要以鞘翅目、鳞翅目等昆虫及其幼虫为食。

○ **校园分布** 南京各校园均有分布，较常见。

▼ 严少华 摄

- 记录时间：
- 记录地点：

Dicrurus macrocercus

雀形目 Passeriformes

卷尾科 Dicruridae

无危 LC | 三有

黑卷尾

○ **形态特征** 一种中等体形的黑色卷尾，体长约 30 cm，雌雄相似。雄鸟全身羽毛黑色，并带有铜绿色金属光泽。喙小，喙角具白点。尾长而叉深，在风中常上举成奇特角度，最外侧尾羽末端向外上方卷曲。雌鸟光泽稍差。虹膜暗红色，喙黑色，脚黑色。

○ **生　　境** 栖息于低山丘陵和山脚平原地带，常见于开阔地区的小块丛林中。

○ **生态习性** 较凶猛，好斗，平时栖息在山麓或沿溪的树顶上，或在竖立田野间的电线杆上，见下面有虫时，往往由栖枝直降至地面或其附近处捕取为食，随后复向高处直飞，形成“U”字状的飞行。它的叫声为金属声，还能模仿其他鸟的鸣叫。主食各种昆虫，如蝗虫、甲虫、蜻蜓、胡蜂、蝉等。

○ **校园分布** 南京各校园均有分布，较常见。

严少华 摄

灰卷尾

Dicrurus leucophaeus

雀形目 Passeriformes

卷尾科 Dicruridae

无危 LC | 三有

- 记录时间：
- 记录地点：

○ **形态特征** 一种中等体形的灰色卷尾，体长约 26 cm，雌雄十分相似。指名亚种全身为暗灰色，鼻羽和前额黑色，眼先及头之两侧为纯白色。两翅初级飞羽尖端偏黑色。尾长而分叉，尾羽上有不明显的浅黑色横纹。虹膜橙红色，喙灰黑色，脚黑色。

○ **生　　境** 栖息于平原丘陵地带的村庄附近。

○ **生态习性** 飞翔姿势与生活习性和黑卷尾相似。成对活动，喜立于林间空地的裸露树枝或藤条上。灰卷尾多站在高树顶上等待飞虫的到来，见有飞虫由附近飞过，就很快地由栖息处向下直飞，掠捕后又突然转折向上，再飞回原处，飞行轨迹形似“U”字形。主要以昆虫为食，如蟒象、白蚁和松毛虫，也吃植物种子。

○ **校园分布** 南京各校园均有分布，较常见。

陈泰宇 摄

• 记录时间：

• 记录地点：

Lanius schach

棕背伯劳

雀形目 Passeriformes

伯劳科 Laniidae

无危 LC	三有

○ **形态特征** 一种体形较大的棕色伯劳，体长约 24 cm，雌雄十分相似。羽色以棕色为主，黑翅，尾长而黑。额、眼纹黑色，头顶及颈背灰色或灰黑色。背、腰及体侧覆羽棕色，两翼黑色，各有一白色翼斑。颏、喉、胸及腹中心部位白色，其余下体淡棕色或棕白色，两胁及尾下覆羽浅棕色。虹膜褐色，喙及脚黑色。

○ **生　　境** 栖息于低山丘陵和山脚平原地区，对人工环境有很强的适应能力。

○ **生态习性** 棕背伯劳常常将猎物挂在树枝上，性凶猛，喙、爪均强健有力，甚至能击杀体形比自己还大的鸟类。雌雄共同育雏。主要以昆虫等动物性食物为食，也捕食小鸟、蛙、蜥蜴、蛇和鼠。

○ **校园分布** 南京各校园均有分布，常见。

▼ 孙华金 摄

红尾伯劳

Lanius cristatus

雀形目 Passeriformes

伯劳科 Laniidae

无危 LC | 三有

- 记录时间：
- 记录地点：

○ **形态特征**　一种中等体形的棕灰色伯劳，体长 18~21 cm，雌雄较为相似。雄鸟前额淡灰色，贯眼纹黑色，其上有白色眉纹后延至耳羽上方。头顶及上体褐色，下体皮黄色，尾羽棕褐色，具多数深褐色的隐横斑。喉纯白色，胁羽棕色较浓。雌鸟似雄鸟，但背及体侧具深褐色细小的鳞状斑纹。虹膜褐色，喙黑色，脚灰黑色。

○ **生　　境**　栖息于低山丘陵，尤其喜欢有稀矮树木和灌丛生长的开阔旷野。

○ **生态习性**　常单独活动或成对活动，性活泼喧闹，常在枝头跳跃或飞上飞下。有时亦高高地站立在小树顶端或电线上，静静地注视着四周，待有猎物出现时，才突然飞去捕猎，然后再飞回原来的栖木上栖息。主要以昆虫等动物性食物为食，偶尔吃少量草籽。

○ **校园分布**　南京各校园均有分布，常见。

严少华 摄

袁屏 摄

- 记录时间：
- 记录地点：

灰喜鹊

Cyanopica cyanus

雀形目 Passeriformes

鸦科 Corvidae

无危 LC | 三有

○ **形态特征** 一种体形较小的鹊，体长 33~38 cm，尾较长，雌雄几乎无差异。额部至后颈部黑色。背部灰色，胸、腹部灰白色。两翅和尾呈灰蓝色，初级飞羽外翈端部白色，尾长，中央尾羽末端白色。虹膜褐色，喙及脚为黑色。

○ **生　　境** 栖息于平原区的各种生境中，松林、阔叶林、灌丛、城市居民区、公园、城市绿地等生境均可见。

○ **生态习性** 喜集小群活动或大群活动。通过鸣声联络，鸣声粗哑。繁殖期为 5—7 月，有利用旧巢的习性。巢浅盘状或平台状，主要由枯枝等堆积而成，内垫兽毛、树叶等。窝卵数 6~7 枚，卵呈椭圆形，灰色、灰白色或浅绿色，布满褐色斑。雌雄共同育雏。主要以昆虫及其幼虫为食，也吃植物果实等，喜捕食松毛虫等农林害虫。

○ **校园分布** 南京各校园均有分布，常见。

▼ 万思成 摄

喜鹊

Pica serica

雀形目 Passeriformes

鸦科 Corvidae

无危 LC | 三有

- 记录时间：
- 记录地点：

○ **形态特征** 一种中等体形的鹊，体长 47~55 cm，尾较长，雌雄几乎无差异。头部、颈部、胸部及背部均为黑色，肩羽白色。翅黑色，具蓝色金属光泽，初级飞羽内翈具大白斑。尾羽黑色，具蓝紫色光泽。上腹部和胁纯白色，下腹和覆腿羽黑色。虹膜黑褐色，喙黑色，脚黑色。

○ **生　　境** 适应各种城市生境，在茂密树林及附近无树木的空旷地带却很少分布。

○ **生态习性** 有时会主动骚扰猛禽。单独活动或集群活动，冬季可集成数十只或百只的大群。在地面行进时，时而跳跃，时而行走，鸣声单调嘶哑。营巢于高大树木或输电线塔上，巢近球形。杂食，食性极为广泛，既捕食昆虫、蛙类等小型动物，也会采食植物果实、种子等，甚至会吃其他鸟类的雏鸟及卵。

○ **校园分布** 南京各校园均有分布，常见。

▼ 张燕宁 摄

- 记录时间：
- 记录地点：

红嘴蓝鹊

Urocissa erythroryncha

雀形目 Passeriformes

鸦科 Corvidae

无危 LC | 三有

▲ 龚德文 摄

○ **形态特征** 一种体形较大的蓝色鹊，体长53~68 cm，尾较长，雌雄几乎无差异。头部、颈部及胸部黑色，枕部白色延伸至头顶。上体及尾呈蓝紫色或淡蓝色，下体白色。中央尾羽特别延长，末端有明显的白色端斑，外侧尾羽依次渐短。虹膜橘色，喙红色，脚红色。

○ **生　　境** 栖息于各类林地生境中。

○ **生态习性** 成小群活动，性凶猛，极少与其他鸟类混群。多在树上觅食，也会下至地面，通常悄无声息地滑翔而至。鸣叫单调嘈杂，鸣唱婉转多样。主要以昆虫为食，也采食植物果实、种子，有时还会吃其他鸟类的雏鸟及卵。

○ **校园分布** 南京各校园均有分布，常见。

灰树鹊

Dendrocitta formosae

雀形目 Passeriformes

鸦科 Corvidae

无危 LC | 三有

- 记录时间：
- 记录地点：

○ **形态特征** 一种体形偏小的鹊，体长 36~40 cm，尾较长，雌雄几乎无差异。喙粗壮，额部、眼周呈黑色，头两侧、颏部及喉部暗褐色，头顶至后颈部灰色。背部、肩部褐色或灰褐色，尾上覆羽灰色，尾翼上有明显白色斑块。尾羽黑色，基部灰色。两胁和腹部呈灰色或灰白色，尾下覆羽栗色。虹膜红棕色，腿灰黑色。

○ **生　　境** 栖息于山地树林中。

○ **生态习性** 性怯懦而吵嚷，常成对活动或成小群活动，有时与其他鸟类混群。叫声粗犷、沙哑。树栖性，多栖于高大乔木的顶枝上，喜在树枝间不断跳跃，或在树木间飞行。主要采食浆果、坚果等植物果实及种子，也捕捉昆虫。

○ **校园分布** 南京各校园均有分布，常见。

▼ 池艳青 摄

- 记录时间：

- 记录地点：

Prinia inornata

雀形目 Passeriformes

扇尾莺科 Cisticolidae

无危 LC | 三有

纯色山鹪（jiāo）莺

○ **形态特征** 一种体形中等的棕褐色莺，体长约15 cm，尾较长，占体长的一半。雌雄无差异，颜色单一，全身棕褐色，有不甚明显的浅色眉纹，喉部一直到臀为淡黄褐色稍稍偏粉，尾羽靠近末端有较深色斑。虹膜浅红褐色，喙近黑色，脚粉红色。

○ **生　　境** 栖息在高草丛、稻田、湿地和灌丛中。

○ **生态习性** 常结小群活动，繁殖季节单独活动或成对活动。活泼好动，跳来跳去，常在地面觅食，一边活动一边鸣叫，叫声细碎似虫鸣。雌雄共同营巢育雏，在茂密的草丛中用干草等编织出囊状巢，巢口斜向上。主要以各种昆虫如蚜虫、蚊、蝇为食，也吃少量蜘蛛等无脊椎动物和植物种子。

○ **校园分布** 南京各校园均有分布，较常见。

▼ 陈思 摄

白鹡（jí）鸰（líng）

Motacilla alba

雀形目 Passeriformes

鹡鸰科 Motacillidae

无危 LC	三有

- 记录时间：
- 记录地点：

○ **形态特征** 一种体形纤细、姿态优雅的黑白色小型雀，体长约18cm，尾较长。上体灰色或黑色，下体白色，两翼及尾黑白相间，头后、颈背及胸部具黑色斑纹，头部及背部黑色的多少和纹样随亚种而异。雌鸟似雄鸟，但颜色较暗。亚成鸟与成鸟相似，但头背部呈灰色，有些头部还带一些黄色。虹膜褐色，喙黑色，脚黑色。

○ **生　　境** 栖息于各种离水较近的生境中。

○ **生态习性** 常单独活动或成对活动，迁徙季节时，偶尔成小群或与其他鹡鸰混群。常停息在电线、屋顶或突出石头上，也会在公园或路边地面上走来走去觅食。不甚怕人，尾巴不停地上下摆动，受到惊吓后立即飞走，飞行轨迹呈波浪状。主要以昆虫为食，此外也吃蜘蛛等其他无脊椎动物，偶尔也吃浆果等植物性食物。

○ **校园分布** 南京各校园均有分布，常见。

▼ 龚德文 摄

- 记录时间：
- 记录地点：

灰鹡鸰

jí líng

Motacilla cinerea

雀形目 Passeriformes

鹡鸰科 Motacillidae

无危 LC　三有

○ **形态特征**　一种体形纤细、姿态优雅的灰色小型雀，体长约 18 cm，尾细长。上体深灰色，两翼及尾羽黑褐色，最外侧一对尾羽有大白斑。飞行时，白色翼斑和黄色的腰显现。夏季雄鸟喉部变黑色，冬季变白色。胸腹部黄色。虹膜褐色，喙黑褐色，脚粉灰色，后爪较长。

○ **生　　境**　栖息于各种有水的生境中，如河道、池塘等。

○ **生态习性**　常单独活动或成对活动。尾巴不停地上下摆动，一般会选择在水边活动、觅食，姿态优雅，受到惊吓后立即飞走，飞行轨迹呈波浪状。多在水边行走觅食，也会在空中飞行捕食。食物以小型无脊椎动物为主。

○ **校园分布**　南京各校园均有分布，较常见。

▼ 吴云良 摄

树鹨 liù

Anthus hodgsoni

雀形目 Passeriformes

鹡鸰科 Motacillidae

无危 LC	三有

- 记录时间：
- 记录地点：

○ **形态特征**　一种体形较小的黄绿色雀，体长约16cm，雌雄相似。眼先黄黑色，有显著的白色眉纹，耳后有一白斑。头顶有细密的黑色纵纹，上体橄榄绿色，背部有不明显的黑色纵纹。翼上具两条较为显著的翼斑。喉部白色，喉侧有黑褐色髭纹，胸前黄白色，具显著的黑色纵纹，腹部白色。虹膜褐色；喙角质色，下喙偏粉；脚粉色，后爪较长。

○ **生　　境**　非繁殖期多栖息于低海拔的丘陵和山脚平原的草地上。

○ **生态习性**　迁徙季节成松散的小群活动。在地面上行走时，尾巴上下摆动，边走边觅食，在落叶和草丛中寻找昆虫，受到惊吓即飞到附近的树上躲藏起来。主要以鳞翅目、鞘翅目、膜翅目等昆虫为食，也会吃植物种子等，尤其是冬季食物匮乏时期。

○ **校园分布**　南京各校园均有分布，季节性常见。

▼ 韩永祥 摄

- 记录时间：
- 记录地点：

Hirundo rustica

雀形目 Passeriformes

燕科 Hirundinidae

无危 LC	三有

家燕

○ **形态特征** 一种中等体形的燕子，体长15~19cm，雌雄相似。喙短而宽扁，基部宽大，呈倒三角形；口裂极深，喙须不发达。翅狭长而尖，尾呈叉状，形成“燕尾”。上体发蓝黑色，还闪着金属光泽，腹面白色。虹膜暗褐色，喙黑褐色，跗跖和趾黑色。

○ **生　　境** 栖息于村落附近，常成对或成群地栖息于村屯中的房顶、电线以及附近的河滩和田野里。

○ **生态习性** 飞行迅速如箭，忽上忽下，时东时西，能够急速变换方向。家燕繁殖期为4—7月。巢多置于人类房舍内外墙壁上、屋椽下或横梁上，巢开口向上，呈平底小碗状。主要以蚊、蝇、蛾等昆虫为食，边飞行边捕食。

○ **校园分布** 南京各校园均有分布，常见。

▲ 袁屏 摄

金腰燕

Cecropis daurica

雀形目 Passeriformes

燕科 Hirundinidae

无危 LC | 三有

- 记录时间：
- 记录地点：

○ **形态特征**　一种中等体形的燕子，体长 16~17 cm，雌雄相似。头顶蓝色，有窄窄的栗色眉纹，连接颈部栗色的颈环。背部为蓝色，其最显著的标志是有一条栗黄色的腰带，故名“金腰燕”。两翼和尾为黑色，尾长而叉深。腹部白色。虹膜褐色；喙宽短，呈黑色；脚黑色。

○ **生　　境**　栖息于树林附近的平房、高大建筑物处。

○ **生态习性**　多见于山间村镇附近的树枝或电线上。有时和家燕混飞在一起，飞行却不如家燕迅速，常常悬停在高空，鸣声较家燕稍响亮。繁殖期为 4—9 月，雌雄亲鸟共同营巢，用泥丸混以草茎筑瓶状巢于建筑物隐蔽处，有时可见多对金腰燕在同一位置筑群巢。以昆虫为食，且主要吃飞行性昆虫，如蚊、蝇、蜂、蟏象等。

○ **校园分布**　南京各校园均有分布，常见。

▼ 万思成　摄

- 记录时间：
- 记录地点：

Parus minor

雀形目 Passeriformes

山雀科 Paridae

无危 LC | 三有

大山雀

○ **形态特征** 一种体形较大的山雀，体长为 13~15 cm，雌雄相似。头部和喉部为黑色，颊斑较大，为白色，背部灰绿色渐变。下背至尾为蓝灰色。飞羽蓝黑色，大覆羽有较大的白色端斑，形成明显的灰白色翅带。腹部灰白色，头部的黑色由喉部正中向下延伸形成黑色纵带，是辨别雌雄的依据。雄性纵带宽，两腿之间有一大块黑斑；雌性纵带窄且无黑斑。

○ **生　　境** 栖息于较低海拔的各类林地，也常见于居民区和公园。

○ **生态习性** 一般单独活动或成对活动，冬季可能会集群或与其他山雀混群。行动敏捷，在树枝间穿梭跳跃觅食，几乎不停歇。边飞边叫，叫声类似“jijigen”，鸣唱多为重复的双音或三音，鸣声多变。主要以各种昆虫为食，也喜欢吃各种油性的种子。

○ **校园分布** 南京各校园均有分布，常见。

▼ 龚德文 摄

雄

▼ 万思成 摄

雌

黄腹山雀

Pardaliparus venustulus

雀形目 Passeriformes

山雀科 Paridae

无危 LC | 三有

- 记录时间：
- 记录地点：

○ **形态特征** 一种体形较小的山雀，体长约 10 cm，雌雄异色。雄性的头部和喉部为黑色，颊斑和枕斑为白色，背部和翅为黑色与蓝灰色混杂，腰蓝灰色。飞羽为黑色，外翈黄色，具有两道醒目的翼斑。尾羽为黑色，最外侧一对尾羽白色较多。腹部到尾下覆羽都是鲜黄色，故称“黄腹山雀”。雌鸟的头和背为灰绿色，有较为明显的黄色眉纹，喉部白色。虹膜褐色；喙黑色，喙基发白；脚蓝灰色。

○ **生　　境** 在高大的树冠层活动，尤其钟爱针叶树。

○ **生态习性** 中国特有种。除繁殖期成对活动或单独活动，其他时间都是成群活动，有时也会与其他小型雀类混群。在树冠层之间穿梭跳跃，寻觅食物，边活动边发出“zizizi”的叫声。主要以各种昆虫为食，偶尔也吃植物种子。

○ **校园分布** 南京各校园均有分布，季节性较常见。

▼ 陈思 摄

▼ 黄悦 摄

- 记录时间：
- 记录地点：

Spizixos semitorques

雀形目 Passeriformes

鹎科 Pycnonotidae

无危 LC | 三有

领雀嘴鹎(bēi)

○ **形态特征**　一种体形较大的绿色鹎，体长约 23 cm，雌雄相似。头黑色，具较短冠羽，额部、头顶、颏、喉、两颊及耳羽均呈黑色。额基部临近鼻孔处及下喙基部各有一小簇白羽，两颊及耳羽具白色细纹。头侧、头后及颈部呈灰白色至深灰色，前颈部有一白色颈环。背部、腰部、两翅、尾上覆羽、胸部及两胁呈橄榄绿色，腹部及尾下覆羽呈黄绿色或鲜黄色。尾羽深橄榄绿色，末端有黑斑。喙短粗，略向下弯，呈象牙白色。虹膜灰褐色，脚褐色。幼鸟与成鸟相似而颜色偏暗灰，羽毛质感较差，喙为黑灰色。

○ **生　　境**　栖息于平原、丘陵或山地的林缘地带，以及果园、乡村附近的树林与灌丛中。

○ **生态习性**　喜欢成群活动，有时也单独活动或成对活动。杂食性，以植物果实和禾本科、豆科种子及嫩叶等为主要食物，也会捕食各种昆虫。

○ **校园分布**　南京各校园均有分布，常见。

▲ 龚德文 摄

白头鹎 bēi

Pycnonotus sinensis

雀形目 Passeriformes

鹎科 Pycnonotidae

无危 LC | 三有

- 记录时间：
- 记录地点：

○ **形态特征** 一种中等体形的橄榄色鹎，体长 16~22 cm，雌雄十分相似。额至头顶黑色，两眼后一白色宽纹形成枕环，髭纹黑色，耳羽后部有一白斑，臀白。虹膜褐色，喙近黑色，脚黑色。亚成鸟整体灰绿色，仅两翅橄榄色，且没有成鸟标志性的白头。

○ **生　　境** 栖息于低山丘陵和平原地区，也见于山脚下的树林及其林缘地带，对村庄和城市环境也同样适应。

○ **生态习性** 是中国南方非常常见的雀鸟。性活泼，不甚畏人，结群于果树上活动，有时也会飞行捕食。有季节性集群行为。秋冬季结成大群，活动于樟、楝等树上啄食果实。食性甚杂，植物性食物主要有各种植物的芽、嫩叶、花、果实，动物性食物由昆虫及其幼虫组成。开始育雏后，动物性食物的占比开始变大，可达到总比例的一半以上。

○ **校园分布** 南京各校园均有分布，常见。

▼ 万思成 摄

- 记录时间：
- 记录地点：

Hemixos castanonotus

雀形目 Passeriformes

鹎科 Pycnonotidae

无危 LC | 三有

栗背短脚鹎(bēi)

○ **形态特征** 一种中等体形的外观靓丽的鹎，体长 19~23 cm，雌雄相似。因上体栗褐色而得名，头顶黑色而略具羽冠，喉白，腹部偏白。胸及两胁浅灰，两翼及尾灰褐，覆羽及尾羽边缘绿黄色。虹膜褐色，喙深褐色，脚深褐色。

○ **生　　境** 栖息于低海拔常绿阔叶林以及林缘灌丛中。

○ **生态习性** 常成对活动或成小群活动在乔木树冠层，也到林下灌木或小树上活动觅食；杂食性，主要以植物性食物为食，也吃昆虫等动物性食物。植物性食物主要为核果、乌饭果等植物的果实与种子，动物性食物主要为鞘翅目、双翅目、鳞翅目、膜翅目、直翅目等昆虫。繁殖期为 4—6 月，营巢于小树或灌木枝丫上。

○ **校园分布** 南京部分校园有分布，较少见。

池艳青 摄

黑短脚鹎 bēi

Hypsipetes leucocephalus

雀形目 Passeriformes

鹎科 Pycnonotidae

无危 LC	三有

- 记录时间：
- 记录地点：

○ **形态特征** 一种体形较大的黑色鹎，体长 22~28 cm，雌雄相似。通体黑色，尾略分叉。部分亚种的头部白色，西部亚种的前半部分偏灰色。亚成鸟偏灰色，略具羽冠。虹膜褐色，喙红色，脚红色。

○ **生　　境** 栖息于山地森林中，冬季喜欢在开阔林地活动。

○ **生态习性** 常单独活动或成小群活动，冬季有时集成大群，叫声甚多变，包括响亮的尖叫、吱吱声及刺耳哨音。主要以昆虫等动物性食物为食，也吃植物果实、种子等植物性食物。动物性食物主要有蚂蚁、蜂、甲虫、蝗虫、蝽象等膜翅目、鞘翅目、直翅目、半翅目等昆虫及其幼虫，植物性食物主要有浆果、榕树果实、乌桕种子等。

○ **校园分布** 南京各校园均有分布，常见。

▼ 龚德文 摄

黄眉柳莺

- 记录时间：
- 记录地点：

Phylloscopus inornatus

雀形目 Passeriformes

柳莺科 Phylloscopidae

无危 LC | 三有

○ **形态特征**　一种体形娇小的黄绿色柳莺，体长 10~11 cm。略大于黄腰柳莺，雌雄两性羽色相似。头顶中央无冠纹，眉纹显著，呈黄白色。翅上具有明显的两道翼斑，三级飞羽具有白端。尾下覆羽黄白色，翼缘黄绿色。喙黑褐色，下喙基部暗黄色；脚淡褐色。

○ **生　　境**　栖息于树林中上部，偶尔下到灌丛。

○ **生态习性**　常单独活动或三五成群活动，迁徙期间可见集大群。一般都在树枝间跳跃觅食，动作敏捷而轻巧，几乎从不停歇。活动时会发出“zi，wei”的短促叫声，后音上扬。鸣叫声单调而尾音长，一般为 4 个音节“ji，zi，wei，ji”，与黄腰柳莺区别很大。食物主要为昆虫，最喜食双翅目蝇类昆虫，也吃半翅目、膜翅目、鞘翅目、鳞翅目昆虫幼虫。

○ **校园分布**　南京各校园均有分布，季节性常见。

莫国巍 摄

黄腰柳莺

Phylloscopus proregulus

雀形目 Passeriformes

柳莺科 Phylloscopidae

无危 LC	三有

• 记录时间：

• 记录地点：

○ **形态特征** 一种体形娇小的黄绿色柳莺，体长 8~11 cm，雌雄两性羽色相似。头顶中央冠纹显著，呈淡绿黄色；眉纹显著，呈黄绿色，自嘴基直伸到头的后部。腰羽黄色，形成宽阔横带，故称“黄腰柳莺”。翅上具明显的两道翼斑，三级飞羽具有白端。尾下覆羽黄白色，翼缘黄绿色。喙黑褐色，下喙基部暗黄色；脚淡褐色。

○ **生　　境** 栖息于树林中上部，有时会在较矮的灌丛和地面活动。

○ **生态习性** 生性活泼，行动敏捷，常在树顶枝叶间跳来跳去寻觅食物，活动的同时发出“ju，ju，ju”的短促叫声。常与黄眉柳莺和长尾山雀等混群活动。食物主要为昆虫，最喜食双翅目蝇类昆虫，也吃半翅目、膜翅目、鞘翅目、鳞翅目昆虫幼虫。

○ **校园分布** 南京各校园均有分布，季节性常见。

▼ 周强 摄

强脚树莺

Horornis fortipes

雀形目 Passeriformes

树莺科 Scotocercidae

无危 LC | 三有

- 记录时间：
- 记录地点：

○ **形态特征** 一种体形娇小的暗褐色树莺，体长约 12 cm，雌雄外形无差异，特征不明显。整体为暗褐色，有浅棕黄色的长眉纹，喉白，胸腹部到尾下覆羽为灰白染黄褐色，胸及两胁色稍深。虹膜褐色；上喙深褐色，下喙基色浅；脚粉褐色，较粗壮。幼鸟外貌与成鸟类似而颜色偏黄。

○ **生　　境** 栖息于山地茂密的灌丛中。

○ **生态习性** 强脚树莺通常单独活动，在灌丛中跳来跳去寻觅食物。最易被听到的是雄性强脚树莺独特的叫声：持续上扬的“weeee——”接“weijiu”或“jiweijiu”，不同个体的叫声稍有差异。主要以各种昆虫及其幼虫为食，偶尔也吃一些浆果和种子。

○ **校园分布** 南京大部分校园有分布，较常见。

▼ 陈思 摄

银喉长尾山雀

Aegithalos glaucogularis

雀形目 Passeriformes

长尾山雀科 Aegithalidae

无危 LC | 三有

- 记录时间：
- 记录地点：

○ **形态特征** 一种体形娇小的灰白色长尾山雀，体长约 15cm，雌雄外形无差异。整体为灰白色，额白，侧冠纹黑色且宽，头顶白色，喉部为银灰色，脸颊到腹部为污白色，下体为极淡的葡萄红色。背部和翅为灰色，翅的边缘色深，尾羽为黑色，最外侧一对尾羽白色。虹膜深褐色，喙黑色，脚深褐色。幼鸟面部为深棕色，喉部和胸部为大片红棕色。

○ **生　　境** 栖息于山地和平原的针叶林和针阔混交林，也会到湿地的芦苇丛中活动、觅食。

○ **生态习性** 繁殖季节外结小群或大群活动，常见于树冠层中，边活动边发出短促的单音"zizizi"，不善鸣唱。捕食空中的昆虫和树枝树叶间藏匿的昆虫，有益于针叶林的害虫防治。

○ **校园分布** 南京各校园均有分布，常见。

▼ 黄悦 摄

- 记录时间：
- 记录地点：

红头长尾山雀

Aegithalos concinnus

雀形目 Passeriformes

长尾山雀科 Aegithalidae

无危 LC | 三有

○ **形态特征** 一种体形小且色彩鲜艳的长尾山雀，体长约 11 cm。体羽特征鲜明，橙红色头顶、黑色面部与喉部的黑色斑块搭配协调，如京剧脸谱。腹部总体白色，两胁上部具锈红棕色胸带。上背整体银灰色。虹膜白色；喙短而略显粗壮，黑色；跗跖及脚趾纤细，呈橙红色。幼鸟颜色较暗淡，头顶淡紫灰色，两胁亦渲染该色。

○ **生　　境** 栖息于山地丘陵的森林、灌丛等生境，也出现于城市绿化带和植被覆盖较好的园林、居民区等。

○ **生态习性** 生性活泼好动，繁殖季节外，常结小群或 10 只以上大群活动，在枝叶间不停跳跃穿行。喜活动于乔木的中上层，鲜少在地面活动。于枝丫、树叶间结群活动觅食时，捕食各类昆虫及其幼虫，偶尔采食植物种子。

○ **校园分布** 南京各校园均有分布，常见。

严少华 摄

暗绿绣眼鸟

Zosterops simplex

雀形目 Passeriformes

绣眼鸟科 Zosteropidae

无危 LC	三有

- 记录时间：
- 记录地点：

○ **形态特征**　一种体形娇小的暗绿色雀，体长 10~11 cm，雌雄相似。从头到尾为暗绿色，头部颜色稍浅，飞羽和尾羽为黑灰色，边缘为暗绿色。显著特征是具有白色的眼圈，故名“绣眼”。眼先、额、喉部和尾下覆羽为鲜艳的柠檬黄色。腹部为灰白色，胁部颜色稍深。虹膜红褐色，喙深灰黑色，脚深蓝灰色。

○ **生　　境**　常活动于公园绿地、行道树等较高的树冠中，尤其喜欢果园。

○ **生态习性**　常单独活动或成小群活动，迁徙季节可集结成几十只甚至上百只的大群。在树丛中跳跃穿梭觅食，边活动边发出“zi，er”的叫声，叫声清脆。雄鸟的鸣唱声复杂多变。杂食性，以昆虫为主食，也爱吃水果，尤其是葡萄、无花果等果肉较软的水果。

○ **校园分布**　南京各校园均有分布，常见。

▼ 陈思 摄

- 记录时间：
- 记录地点：

画眉

Garrulax canorus

雀形目 Passeriformes

噪鹛科 Leiothrichidae

近危 NT | 国 II

○ **形态特征** 一种体形中等的棕褐色鹛，体长约 22 cm，雌雄外貌几乎无差别。显著特征为具有白色眼圈并且在眼后延伸形成一条狭长的眉纹，“画眉”之名由此而来。整体棕褐色，上半身有密集的深色纵纹。虹膜黄色；喙黄色带棕色；脚粗壮，为黄色带些粉色。

○ **生　　境** 栖息在山地树林中，城市中少见。

○ **生态习性** 一般单独活动或成对活动，冬天会成小群活动。生性机敏，警惕性高，受到惊吓即飞走或跳走，不善远飞。雄性叫声婉转多变，声音洪亮，还善于模仿其他鸟鸣和虫鸣。是中国传统的笼养鸟，大量捕捉影响其种群数量，因而在 2021 年新增为国家二级重点保护动物。食性杂，主要以各种昆虫为食，也吃其他无脊椎动物和植物果实、种子等。

○ **校园分布** 南京部分校园有分布，少见。

▼ 赵梓羲 摄

黑脸噪鹛 méi

Pterorhinus perspicillatus

雀形目 Passeriformes

噪鹛科 Leiothrichidae

无危 LC | 三有

• 记录时间：

• 记录地点：

○ **形态特征** 一种体形较大的棕灰色鹛，体长 28~30 cm，雌雄外貌无差别。整体为棕灰色，由头至尾颜色变深，尾羽末端颜色稍浅。腹部为浅黄棕色，臀部为橙色。额、眼先和脸颊为黑色，形成一个黑色的面罩。虹膜黑褐色；喙黑色；脚粉褐色，粗壮有力。

○ **生　　境** 栖息于较多遮蔽的林下，常见于公园、农田和芦苇地等。

○ **生态习性** 常成小群活动于树林、竹林和灌丛中，一般 10 多只甚至 20 只以上。一般成群在地面翻找食物，或在灌丛中上蹿下跳，飞行距离短且姿态略显笨拙。活动觅食时，叫声响亮而单调，十分嘈杂，易于识别。食性杂，主要以各种昆虫为食，也吃其他无脊椎动物、植物果实和种子等。

○ **校园分布** 南京各校园均有分布，常见。

▼ 万思成 摄

- 记录时间：
- 记录地点：

Pterorhinus pectoralis

雀形目 Passeriformes

噪鹛科 Leiothrichidae

无危 LC | 三有

黑领噪鹛

méi

○ **形态特征** 一种体形较大的棕色鹛，体长 27~35 cm。头顶灰褐色，眉纹细而呈白色，具有黑色贯眼纹和下颊纹，颈背、胁部及尾下覆羽棕红色，耳后沿颈侧至前胸具宽阔的黑灰色胸带，颏喉、上胸和下胸白色，其余上体灰褐色，尾羽楔形且两侧尾羽尖端浅黄白色。似小黑领噪鹛，但体形更大，黑色贯眼纹不至眼先，耳羽黑色且夹以白色细纹。虹膜深棕褐色，喙灰色，脚灰色。

○ **生　　境** 栖息于较密闭的山地林下。

○ **生态习性** 集小群栖息于中低海拔山地的常绿阔叶林的林下灌丛和竹林中，性喧闹而较惧人，常与其他噪鹛混群。食性杂，主要以各种昆虫为食，也吃其他无脊椎动物、植物果实和种子等。

○ **校园分布** 南京部分校园有分布，少见。

▼ 万思成 摄

小黑领噪鹛 méi

Garrulax monileger

雀形目 Passeriformes

噪鹛科 Leiothrichidae

无危 LC | 三有

• 记录时间：

• 记录地点：

○ **形态特征**　一种体形中等的鹛，体长约 27 cm。头部顶冠灰褐色，具粗而长的白色眉纹和黑色贯眼纹，下颊纹细而呈黑色，后枕和上背棕黄色，耳后至前胸具一宽阔的黑色胸带，胸带上方染棕黄色，两胁和尾下覆羽棕红色，其余体羽灰褐色，尾楔形，两侧尖端白色。似黑领噪鹛，但体形较小，虹膜黄白色，具黑色眼先且耳羽灰白色。喙灰色，脚灰色。

○ **生　　境**　栖息在山地树林中，喜林下灌丛。

○ **生态习性**　常集小群活动于中低海拔山地的阔叶林、林下灌丛和竹林中，于地面和植被中下层觅食，有时与黑领噪鹛等其他噪鹛混群。食性杂，主要以各种昆虫为食，也吃其他无脊椎动物、植物果实和种子等。

○ **校园分布**　南京少数校区有分布，罕见。

▼ 郝夏宁 摄

棕头鸦雀

- 记录时间：
- 记录地点：

Sinosuthora webbiana

雀形目 Passeriformes

鸦雀科 Paradoxornithidae

无危 LC　　三有

○ **形态特征**　一种体形较小的棕色鸦雀，体长约 12 cm，尾长。整体颜色为棕色。头颈红棕色，背部颜色发灰，飞羽偏红棕色，尾红棕色。脸颊、喉部和胸部为淡淡的粉棕色，腹部为黄褐色，胁部颜色偏重。喙短而有力，圆钝，端部颜色较淡。脚强壮有力，灰粉色。

○ **生　　境**　常见于田野、公园和湿地，偶见于林间。

○ **生态习性**　在灌丛、树枝间、芦苇丛中跳跃穿梭，一般成对活动或成小群活动，冬季会形成大群。边飞边叫或边跳边叫，叫声短促，较为嘈杂，鸣唱声悠长。食物以昆虫为主，也食用植物种子，粗短有力的喙既可以剥开植物纤维以抓取昆虫幼虫，又可以咬开种子的外壳。

○ **校园分布**　南京各校园均有分布，常见。

▼ 张燕宁 摄

八哥

Acridotheres cristatellus

雀形目 Passeriformes

棕鸟科 Sturnidae

无危 LC | 三有

• 记录时间：

• 记录地点：

○ **形态特征** 一种体形偏大的黑色椋鸟，体长约 26 cm，雌雄几乎无差别。通体黑色，额处羽长而上翘，形成显著的冠。两翅各有一块大白斑，飞行时黑白对比显著，两块白斑呈“八”字形，这就是“八哥”名称的由来，这一特征使其在飞行过程中更易被辨识。尾羽末端具白色端斑。虹膜橘红色，喙黄白色，脚橙黄色。幼鸟颜色较暗淡，呈咖啡色，无冠羽，虹膜和脚灰色。

○ **生　　境** 栖息于海拔较低的山林、田地和市区。

○ **生态习性** 适应性强。常成群活动，清晨或傍晚聚集于楼顶、树冠等高处喧嚣。在地面行走觅食，也常见其在垃圾堆中翻找食物。杂食性，吃各种昆虫，也吃各种果实和种子。

○ **校园分布** 南京各校园均有分布，常见。

▼ 吴云良 摄

- 记录时间：
- 记录地点：

Spodiopsar sericeus

雀形目 Passeriformes

棕鸟科 Sturnidae

无危 LC | 三有

丝光椋鸟

liáng

○ **形态特征**　一种中等体形的椋鸟，体长约 23 cm。雄鸟头部呈丝光白色或浅黄色，背部及胸部呈深灰色，沿身体往后稍变淡。两翅及尾部呈黑色，飞行时翅上具明显白斑。雌鸟头污白色至浅褐色，其他同雄鸟。虹膜黑色；喙呈暗红色，尖端黑色；脚橙黄色。

○ **生　　境**　栖息于开阔平原的耕地、果园、林缘及城市绿地。

○ **生态习性**　不甚惧人，常集小群活动，也与其他椋鸟混群。往往在地面觅食，尤喜翻耕过的田地。休憩时，停栖于树、电线上。鸣声粗而响。主要以昆虫为食，也采食植物种子、果实等。

○ **校园分布**　南京各校园均有分布，常见。

郝夏宁 摄

灰椋（liáng）鸟

Spodiopsar cineraceus

雀形目 Passeriformes

椋鸟科 Sturnidae

无危 LC	三有

- 记录时间：
- 记录地点：

○ **形态特征** 一种中等体形的椋鸟，体长约 23 cm，雌雄较相似。头顶至后颈黑色或深灰色，颊及耳覆羽白色。上体灰褐色，腰部及尾下覆羽呈白色。尾羽黑色，羽端白色。雌鸟较雄鸟色浅而暗。虹膜褐色；喙橙黄色，喙尖黑色；脚橙黄色。幼鸟与成鸟相似而颜色浅，羽毛缺乏光泽。

○ **生　　境** 栖息于农田附近的开阔区域、平原或山区的稀疏地区等生境。

○ **生态习性** 繁殖期成对活动，非繁殖期集群活动。鸣声嘈杂、单调。主要以鳞翅目、鞘翅目、直翅目、膜翅目和双翅目等昆虫及其幼虫为食，秋冬季则以植物果实和种子为主要食物。

○ **校园分布** 南京各校园均有分布，常见。

▼ 严少华 摄

- 记录时间：
- 记录地点：

Zoothera aurea

雀形目 Passeriformes

鸫科 Turdidae

无危 LC | 三有

虎斑地鸫

dōng

○ **形态特征** 一种体形较大且笨重的鸫，体长约 30 cm。头及上体交杂金褐色和黑色的鳞状斑纹，下体白色且具黑色鳞状斑，整体显得斑驳，很有特点，易辨认。虹膜黑褐色；喙角质褐色，下喙基部肉色；脚肉色。

○ **生　　境** 多见单独栖息于近溪流和池塘的针阔混交林和针叶林，迁徙季节集小群见于海堤、荒地灌丛、防风林和园林。

○ **生态习性** 隐蔽性极好。飞行时，扇翅响声较大。觅食于林地底层。被惊飞时，会停于高枝之上，十分怕人。主要以昆虫及其幼虫为食。

○ **校园分布** 南京部分校园有分布，少见。

▼ 严少华 摄

红尾斑鸫 dōng

Turdus naumanni

雀形目 Passeriformes

鸫科 Turdidae

无危 LC | 三有

- 记录时间：
- 记录地点：

○ **形态特征** 一种中等体形的鸫，体长约 25 cm。羽色多变，总体来说偏暗棕红色，上体橄榄褐色，眉纹常显得细弱或不明显，下颊纹及喉白色，两翼和尾羽偏红色，似斑鸫但胸腹部白色而具栗红色菱状斑。虹膜黑褐色；上喙角质褐色，下喙基部黄色而尖端深色；脚角质褐色至黄褐色。由于与斑鸫等近缘种常杂交，故野外辨识较困难。

○ **生　　境** 常见于针阔混交林、公园、农田和绿地。

○ **生态习性** 栖息于多种林地和草地，冬季常与斑鸫等其他鸫类混群。常集群于开阔地觅食。警告声为尖利的“chak”，与斑鸫相似。食物以各种昆虫为主，冬季食物短缺，以各种果实和种子为食，尤其是乌桕果实。

○ **校园分布** 南京大部分校园有分布，季节性常见。

▼ 阮跃 摄

- 记录时间：
- 记录地点：

Turdus eunomus

雀形目 Passeriformes

鸫科 Turdidae

无危 LC | 三有

斑 dōng 鸫

○ **形态特征** 一种中等体形的鸫，体长约 25 cm。羽色多变，雄性全身以黑灰色为主，有粗长的白色眉纹，两颊和头顶黑灰色，下颊和喉白色。两翼和尾基棕色，尾黑灰色。雌鸟与雄鸟相似，羽色反差不及雄鸟，胸部斑纹较小。虹膜黑褐色；上喙黑色，下喙基部黄色；脚褐色。由于与红尾斑鸫等近缘种常杂交，故野外辨识较困难。

○ **生　　境** 常见于针阔混交林、公园、农田和绿地。

○ **生态习性** 常成群活动于树林、田地和公园等地，也常与红尾斑鸫等鸫类混群。应答声为短促的“咔嗒”声，清脆响亮，易于辨识。多在地面翻找食物，也会在树上啄食果实。食物以各种昆虫为主，冬季食物短缺时，以各种果实和种子为食，尤其是乌桕果实。

○ **校园分布** 南京大部分校园有分布，季节性常见。

▼ 严少华 摄

灰背鸫 dōng

Turdus hortulorum

雀形目 Passeriformes

鸫科 Turdidae

无危 LC | 三有

• 记录时间：

• 记录地点：

○ **形态特征** 体形较小的灰褐色鸫，体长约 24 cm。雄鸟由额至尾上体全灰，具有不易见的鳞状暗纹，喉部及胸部灰色，两胁及翼下橘黄色。雌鸟上体暗褐色较重，喉白，具髭纹，胸前具黑色斑点，两岁之前两胁具黑色斑点，换毛后褪去。虹膜褐色，喙黄色带灰色，脚肉色。

○ **生　　境** 多见栖息在林缘、荒地、草坡、林间空地等生境。

○ **生态习性** 常单独活动或成对活动，春秋季节成小群迁徙，有时与其他鸫类混群。喜灌丛，不易观察。在地上跳跃行走，多在地上活动和觅食，较为惧人。主要以鞘翅目步甲科、叩甲科、葬甲科以及鳞翅目和双翅目等昆虫和其幼虫为食，也吃蚯蚓等动物和植物果实与种子等。

○ **校园分布** 南京大部分校园有分布，季节性常见。

周强 摄

雄

陈思 摄

雌

• 记录时间：

• 记录地点：

Turdus mandarinus

雀形目 Passeriformes

鸫科 Turdidae

无危 LC | 三有

乌 dōng 鸫

○ **形态特征** 体形较大的黑色鸫，体长约 29 cm。雌雄十分相似，雄鸟通体黑色或黑褐色；雌鸟体色较雄鸟淡，喉部和胸部有少许暗纹。喙橘黄色，眼圈黄色，虹膜棕色，脚黑色。幼鸟上体棕褐色，缺少光泽，眼圈不明显，整体具有斑驳白色斑点，花纹延伸到腹部，下腹羽毛灰色带点儿白色，尾下覆羽暗褐色。

○ **生　　境** 适应森林、农田和城市等不同环境，常见于小区和公园。

○ **生态习性** 一般单独活动或成小群活动，数量较多。在地面觅食，也常常在垃圾堆中翻找食物。求偶季节时，雄鸟会站在枝头发出婉转悦耳的鸣唱，因雄鸟善于模仿各种声音，故名“百舌”。主要以昆虫为食，且十分喜欢吃蚯蚓，也会吃一些果实和种子。

○ **校园分布** 南京各校园均有分布，常见。

黄悦 摄

雄

阮跃 摄

雌

紫啸鸫 dōng

Myophonus caeruleus

雀形目 Passeriformes

鹟科 Muscicapidae

无危 LC	三有

- 记录时间：
- 记录地点：

○ **形态特征** 一种体形较大的暗紫色啸鸫，体长29~35 cm，雌雄无差别。通体蓝紫色或紫黑色，头、颈、上背、胸和下体具蓝色亮斑，光线适宜时极为耀眼，飞羽和尾羽为亮紫色。指名亚种虹膜褐色，喙黑色，脚黑色。

○ **生　　境** 喜欢多岩石的区域，多活动于多溪流的山涧、河谷以及小河中，也见于村落、园林和草地上。

○ **生态习性** 成对活动或单独活动，是一种身体粗壮且似鸫的鹟科鸟类。停歇时，会像其他鹟一样张开扇状的尾，再快速合上。叫声洪亮短促，似钢琴声。在地面或浅水中觅食，以各种昆虫、蚯蚓、虾、蟹为食，也吃浆果等。

○ **校园分布** 南京少数校园有分布，少见。

▼ 陈思 摄

- 记录时间：
- 记录地点：

鹊鸲 qú

Copsychus saularis

雀形目 Passeriformes

鹟科 Muscicapidae

无危 LC　三有

○ **形态特征**　一种黑白相间的大鸲，体长约 20 cm，雌雄异色。雄鸟头、胸和背为亮黑色，两翅和中央一对尾羽为黑色，两翅各有一条白色条纹，尾羽两侧和腹部为白色，颜色对比强烈，酷似小型喜鹊。雌鸟头、胸、背部为灰色。虹膜褐色，喙和脚黑色。幼鸟与雌鸟相似，但是胸部带有黄褐色的斑点。

○ **生　　境**　一般栖息于人类活动的地方，尤其是果园、菜地、公园等。

○ **生态习性**　常单独活动或成对活动，性情活泼好动，胆大不畏人，在地面跳跃觅食。叫声多变，很擅长模仿其他鸟类鸣唱，叫声清脆悦耳、婉转多变。应答声似小爆竹，很有辨识度。主要以各种昆虫和其幼虫为食，也吃蜘蛛、蜈蚣等节肢动物和果实、种子等。

○ **校园分布**　南京各校园均有分布，常见。

王海霁 摄　　　　罗家钰 摄

雄

雌

北灰鹟 wēng

Muscicapa dauurica

雀形目 Passeriformes

鹟科 Muscicapidae

无危 LC | 三有

• 记录时间：

• 记录地点：

○ **形态特征** 一种体形较小的灰色鹟，体长约 13 cm，雌雄无差别。不甚显眼，上体灰褐色，具明显白色眼圈和眼先，颏、喉至下体包括尾下覆羽灰白色，胸侧常染灰色。虹膜黑色；喙较长，角质黑色，下喙基部黄色，喙基宽大；脚角质黑色。

○ **生　　境** 迁徙季常见于多种类型的林地及开阔环境。

○ **生态习性** 单独或成对栖息于落叶阔叶林、针阔混交林和针叶林下，性机警，不惧人。常立于光秃的枝头，来回飞行捕食飞虫。食虫性，主要以空中小飞虫为食。

○ **校园分布** 南京大部分校园有分布，季节性可见。

▼ 曹叶源 摄

- 记录时间：
- 记录地点：

红肋蓝尾鸲（qú）

Tarsiger cyanurus

雀形目 Passeriformes

鹟科 Muscicapidae

无危 LC | 三有

○ **形态特征** 一种体形较小的蓝色或灰褐色鸲，体长约 14 cm，雌雄异色。具细弱白色眉纹，喉白色。腹部及尾下覆羽白色，胸部沾淡灰色或浅褐色。两胁橙红色，尾呈蓝色。成年雄鸟上体亮蓝色，飞羽深褐色，而雌鸟及幼鸟上体均呈褐色。虹膜褐色，喙黑色，脚灰色。

○ **生　　境** 主要在林下灌丛及地面活动和取食，也见于城市绿地、校园等地。

○ **生态习性** 喜单独活动或成对活动。鸣唱清脆悦耳。主要以昆虫为食，越冬期也采食少量植物果实、种子。

○ **校园分布** 南京大部分校园有分布，季节性常见。

▼ 严少华 摄

雄

▼ 曹叶源 摄

雌

白眉姬鹟 wēng

Ficedula zanthopygia

雀形目 Passeriformes

鹟科 Muscicapidae

无危 LC	三有

- 记录时间：
- 记录地点：

○ **形态特征** 一种体形较小的姬鹟，体长约 12 cm。雄鸟颜色鲜艳，上体黑色，喉、胸、腹和腰为黄色，喉部颜色为橘色。眉纹、翼斑和臀为白色，翼斑狭长。雌鸟颜色朴素，整体为绿褐色，胸、腹部颜色较淡，腰黄色，无眉纹，翼斑不甚明显。虹膜褐色，喙黑色，脚黑色。幼鸟与雌鸟相似而上体密布斑点。

○ **生　　境** 栖息于海拔较低的低山丘陵的阔叶林和针阔混交林中，迁徙季节多见于果园和公园中。

○ **生态习性** 常成对活动或单独活动，多在树林中下层活动，是一种较为常见的鸣禽，色彩艳丽，在野外很容易观察到。以各种昆虫和其幼虫为食。

○ **校园分布** 南京部分校园有分布，较为少见。

吴云良 摄

郝夏宁 摄

鸲姬鹟

qú wēng

Ficedula mugimaki

雀形目 Passeriformes

鹟科 Muscicapidae

无危 LC | 三有

- 记录时间：
- 记录地点：

○ **形态特征** 一种体形较小的鹟，体长约13cm，雌雄异色。雄鸟头部及上体黑灰色，眼后有显著的白色短眉纹，翼上具显著的白色翼斑。喉、胸和上腹为橘黄色，下腹和臀为白色。雌鸟上体绿褐色，眉纹和翼斑不明显，喉、胸颜色较暗淡。

○ **生　　境** 栖息于山区森林、林缘地带和林间空地等环境。

○ **生态习性** 常成对活动或单独活动。多见于水边的高树上，也在树冠层枝叶间、林下灌木或地上活动和觅食。一般不进入密林深处，常在林间作短距离飞行。停息时，尾巴常抖动。以各种昆虫和其幼虫为食。

○ **校园分布** 南京部分校园有分布，季节性可见。

严少华 摄

雄

陈思 摄

雌

北红尾鸲 qú

Phoenicurus auroreus

雀形目 Passeriformes

鹟科 Muscicapidae

无危 LC | 三有

- 记录时间：
- 记录地点：

○ **形态特征** 一种体形中等的红尾鸲，体长约 15 cm，雌雄异色。雄鸟头顶到后颈部为亮灰色，背和两翼为黑色，两翼具明显的三角形白色翼斑，胸、腹、腰和外侧尾羽为显眼的橘色，中央尾羽黑色。雌鸟整体灰褐色，两翼白斑较雄鸟小，有时不甚明显，下体棕橘色。幼鸟与雌鸟相似，而胸、腹部具密集斑点。虹膜黑褐色，喙黑色，脚黑褐色。

○ **生　　境** 栖息于山地的森林、河谷及林缘地带，也见于近人居的灌丛、公园、苗圃和荒地等。

○ **生态习性** 常成对活动或单独活动，性情活泼好动，胆大不畏人。在灌丛和地面之间跳跃觅食。叫声婉转、节奏感强、悦耳动听，春季，雄鸟常站在枝头或电线上高声鸣唱以吸引雌性。主要以各种昆虫和其幼虫为食，也吃蜘蛛等节肢动物和植物的果实、种子。

○ **校园分布** 南京各校园均有分布，季节性常见。

陈思 摄

吴云良 摄

- 记录时间：
- 记录地点：

东亚石䳭

jí

Saxicola stejnegeri

雀形目 Passeriformes

鹟科 Muscicapidae

○ **形态特征** 一种体形较小的䳭类，体长 12~14 cm，雌雄异色。雄鸟头部及两翼黑色且具棕白色羽缘，颈侧具白斑，下腹中央偏白，仅两胁染棕，尾下覆羽白色染棕，腰白色染棕色，尾羽黑褐色。非繁殖羽颜色暗淡。雌鸟头至上体棕褐色而具深色纵纹，下体浅红棕色至浅黄色，两翼黑褐色且具浅色翼斑，腰棕黄色，尾羽黑褐色。虹膜黑褐色，喙黑色，脚黑色。

○ **生　　境** 多单独或成对活动于多荒草、灌丛和矮树的生境中。

○ **生态习性** 常栖息于突出的低树枝上，以飞到地面捕食猎物。常见于开阔地带突出的物体上，性活跃，不甚惧人。偶尔下地取食。主要食物为陆生无脊椎动物。

○ **校园分布** 南京部分校园有分布，少见。

▼ 杨云峰 摄

雄

▼ 孙霞菁 摄

雌

白腰文鸟

Lonchura striata

雀形目 Passeriformes

梅花雀科 Estrildidae

无危 LC | 三有

• 记录时间：

• 记录地点：

○ **形态特征** 一种体形较小的文鸟，体长 11~12 cm，雌雄外貌无差别。腰白色，故称“白腰文鸟”。腹部为灰白色，有细碎的斑纹。除腰部和腹部，整体棕褐色，面部、喉部、翅和尾颜色较深，胸部具鱼鳞状斑纹，背、翅和尾具白色细纹。虹膜黑褐色；喙蓝灰色，上喙深，下喙浅；脚为紫灰色。亚成体颜色较暗淡些，没有斑纹，腰部黄褐色。

○ **生　　境** 栖息在低海拔地区，常见于稻田里、池塘边、溪流边和公园中，也在灌丛中或竹林里活动。

○ **生态习性** 除繁殖期，通常集小群活动，一般以家族为单位。叫声不甚动听。食性为植食性，以植物种子为食，粗短的喙可以轻松弄开种子的外壳，在夏季也会吃一些昆虫。

○ **校园分布** 南京大部分校园有分布，较常见。

▼ 龚德文 摄

- 记录时间：

- 记录地点：

麻雀

Passer montanus

雀形目 Passeriformes

雀科 Passeridae

无危 LC | 三有

○ **形态特征** 一种体形较小的棕色雀，体长 14~15 cm，雌雄十分相似。整体体色为棕色，头顶为砖红色，眼先和喉部黑色，颊白色，具有一黑斑。背、翅和尾都是棕色，夹杂黑色斑纹，飞羽边缘为浅棕色，翅上具有明显的翼斑。腹部为浅棕色，胁部颜色较深。虹膜黑褐色，喙黑色，脚粉褐色。幼鸟颜色较暗淡，有淡淡的眉纹和黄色的喙基。

○ **生　　境** 常见于居民区以及田地附近。

○ **生态习性** 在地上跳跃觅食，多成群活动，穿梭于树林中，或蹲在枝头和建筑物上。一般飞行距离较短，不善远飞。叫声生硬且嘈杂，金属音重。杂食性，吃各种昆虫及其幼虫，以鳞翅目为主，也吃各种植物的种子和果实，还常常在垃圾堆中吃人丢弃的食物。

○ **校园分布** 南京各校园均有分布，常见。

孙盟淳 摄

燕雀

Fringilla montifringilla

雀形目 Passeriformes

燕雀科 Fringillidae

无危 LC | 三有

- 记录时间：
- 记录地点：

○ **形态特征** 一种颜色鲜艳的小型雀，体长约 15 cm。繁殖期的雄性头部、背部、飞羽和尾为黑色，腰白色，肩部、喉部和胸部为橙色，向两胁蔓延，胁部具密集的黑斑。飞羽外翈棕色，中覆羽和大覆羽在翼上形成白、黑、橙三条色带。非繁殖期的雄性头部羽色暗淡，除眼睛周围仍是黑色，其他部位羽毛末端为浅棕色，背部夹杂棕色。雌鸟相较于雄鸟颜色暗淡，黑色被灰褐色取代。

○ **生　　境** 栖息于落叶混交林、针叶林及阔叶林中，也见于城镇绿地。

○ **生态习性** 叫声为单调嘶哑的“yi，e”声。喜跳跃和波浪状飞行，成对活动或小群活动，偶尔集大群，于地面或树上取食。植食性，吃各种植物的种子，繁殖季节也会吃昆虫。

○ **校园分布** 南京各校园均有分布，季节性常见。

黄悦 摄

雄

杜思凯 摄

雌

- 记录时间：
- 记录地点：

Chloris sinica

金翅雀

雀形目 Passeriformes

燕雀科 Fringillidae

无危 LC	三有

○ **形态特征** 一种体形较小的黄色及灰褐色的雀，体长约 13cm，雌雄相似。飞羽黑褐色，但基部有宽阔的金黄色斑，飞行时可见显眼的大黄斑，即“金翅”，极易识别。雄性头为灰色，眼先发黑，喉黄色。背部灰褐色，胸及胁浅棕色，腹部黄色。尾羽黑褐色，基部黄色，尾下覆羽黄色。雌鸟较雄鸟颜色暗淡。幼鸟与雌鸟相似而颜色暗淡，胸、腹部有黑褐色纵纹。虹膜黑褐色，喙和脚淡粉色。

○ **生　　境** 栖息于灌丛、人工林、园林及林缘地带，在城镇喜栖于多松柏树的林中。

○ **生态习性** 多在树冠层树枝间跳跃飞行，也会在灌丛和草地上觅食，叫声单调而尖锐，带有颤音，类似“dzi，zi，zi，a”。植食性，主要以各种植物的种子为食，繁殖季节也会吃一些昆虫。

○ **校园分布** 南京各校园均有分布，常见。

▼ 傅萌 摄

黄雀

Spinus spinus

雀形目 Passeriformes

燕雀科 Fringillidae

无危 LC	三有

- 记录时间：
- 记录地点：

○ **形态特征**　一种体形较小的黄绿色雀，体长约 11 cm。雄鸟头顶及颏黑色，有显著的黄色眉纹，两颊黄而耳羽沾灰。背黄绿色，有浅黑色纵纹，翅黑黄相间，腰黄色，尾羽黑色。雌性颜色暗淡，头顶灰绿色，喉部到腹部白色，两胁有宽粗的黑色纵纹。虹膜深褐色，喙短而较尖直，铅灰色；脚褐色。幼鸟与雌鸟类似，上体为黄绿色带有麻点。

○ **生　　境**　栖息于杨、榆、槐和柳等高大乔木的顶端，在针叶林或灌丛中的草地上觅食。

○ **生态习性**　迁徙时，常常集不同规模的雀群，少则几十只，多则上百只，可听到嘈杂的叫声。雄性黄雀在求偶时，会发出清脆悠扬的鸣唱，较为动听。植食性，以植物的果实和种子为主，兼食一些昆虫等，尤其喜欢紫苏种子。

○ **校园分布**　南京各校园均有分布，季节性常见。

▼ 黄悦 摄

▼ 韩永祥 摄

- 记录时间：
- 记录地点：

黑尾蜡嘴雀

Eophona migratoria

雀形目 Passeriformes

燕雀科 Fringillidae

无危 LC	三有

○ **形态特征** 一种体形略大的雀，体长15~18cm，雌雄异色。雄鸟整个头为黑色，体灰色，两翼和尾羽灰黑色，次级飞羽和初级大覆羽有白色的端斑。胁部橙棕色，臀部白色。雌鸟与雄鸟相比，整个头部为浅灰色，眼先发黑。喙为黄色的短粗圆锥形，尖端黑色，繁殖期，喙边缘和喙基变黑。虹膜为红棕色，脚粉色。幼鸟与雌鸟类似而颜色为浅棕色。

○ **生　　境** 栖息于树林、河谷、果园和公园中，常活动于树冠层，也会在地面活动，在草地上和落叶中觅食。

○ **生态习性** 繁殖期单独活动或成对活动，非繁殖期多成群活动。繁殖季节时，雄性鸣唱频繁，叫声嘹亮婉转，像哨声。食性为植食性，主要以各种植物的种子、果实、嫩芽为食，也吃一些昆虫等。

○ **校园分布** 南京各校园均有分布，较常见。

▼ 龚德文 摄

▼ 徐行 摄

黄喉鹀 wú

Emberiza elegans

雀形目 Passeriformes

鹀科 Emberizidae

无危 LC | 三有

• 记录时间：

• 记录地点：

○ **形态特征**　一种体形修长的小型鹀，体长约 15 cm，雌雄异色。雌雄均具短羽冠。雄性顶冠黑色，常竖起，眉纹和喉部为黄色。面部特征明显，整个头部配色黑黄相间。上体棕褐色相间，胁部具棕色纵纹，胸口有一块黑色的倒三角色斑。雌性似雄性，但黑色部分被棕褐色替代。虹膜黑褐色；喙黑色；脚纤细，为橙粉色。

○ **生　　境**　栖息在丘陵地带的针阔混交林的林缘灌丛中，尤其喜欢河谷和溪流沿岸的灌丛，也会栖息在山坡草地以及农田附近。

○ **生态习性**　迁徙季节时，多结 5~10 只的小群活动。在草地和灌丛中跳动寻觅食物，有时栖息在灌丛中和矮树枝上。受惊扰后，多贴地飞入茂密灌丛中。食物主要是各种昆虫，也采食植物种子和嫩芽。

○ **校园分布**　南京各校园均有分布，季节性可见。

▼ 郝夏宁 摄

▼ 陈思 摄

- 记录时间：
- 记录地点：

灰头wú鹀

Emberiza spodocephala

雀形目 Passeriformes

鹀科 Emberizidae

无危 LC | 三有

○ **形态特征** 一种体形较小的鹀，体长 14 cm 左右，雌雄异色。雄性的整个头颈部都是灰色，眼先和颏为黑色；上体棕色夹杂黑色纵纹，尾羽最外侧一对为白色；腹部为浅黄色，两胁有褐色纵纹。雌鸟头部黄褐色，眉纹黄色，具有深色粗髭纹。虹膜深红褐色；上喙近黑色且边缘浅，下喙灰粉色且尖端色深；脚粉褐色。

○ **生　　境** 栖息在河谷、平原的林地、灌丛和田地中，越冬于芦苇地、灌丛及林缘。

○ **生态习性** 常躲藏于浓密灌丛中。在地面活动、觅食，少见高飞，常成对活动或单独活动，或结小群，也会与其他鹀混群活动。春秋冬季一般为植食性，吃各种植物的种子和果实，繁殖季节以昆虫为主要食物。

○ **校园分布** 南京各校园均有分布，季节性可见。

黄悦 摄

雄

林琦玮 摄

雌

乌鸫的故事

3月末的南京，寒气未退，雄性乌鸫就迫不及待地开始一展歌喉。可能太久没有登台，它们的声音不够洪亮，调门也不够高昂，只是在冷风的吹拂中低声排练着。随着温度升高，雄性乌鸫的叫声越来越响亮，凌晨5点钟，东方天际微微泛白，各个校区、公园，甚至校区和行道树上，随处可闻鸫鸣声。

乌鸫全身乌黑油亮，仅有眼圈和喙是黄色的，且雄鸟的喙较雌鸟更鲜艳些。雄性乌鸫极其擅长鸣叫，可以模仿各种鸟类的叫声，常见如白头鹎、大山雀、黑尾蜡嘴雀、鹊鸲等，也有一些另辟蹊径，模仿起汽车鸣笛声、电动车警报声等。各种声音模仿得惟妙惟肖，足以以假乱真，也难怪被人称作“百舌鸟”。乌鸫为杂食性鸟类，繁殖季节以蚯蚓和各种昆虫为食，冬季则以各种果实和种子为食。

当树木再次枝繁叶茂时，各种各样的雄鸟便开始竭尽所能地展示自己，或放声歌唱，或互相打斗，以得到雌鸟的青睐。雄性乌鸫也是不愿甘居鸟后的，但在雌鸟挑剔的选择中，只有身体强健、鸣叫洪亮的雄鸟才能抱得美人归。哪怕已经成为雌鸟的“合法”配偶，雄鸟在交配前该有的仪式也丝毫不会马虎：先是努力展示自己，再围绕着雌鸟进行精彩的鸣唱飞行表演或打转转。最终被取悦的雌鸟会俯下身来，与雄鸟一起完成种族延续的使命。

成对的乌鸫占据领地后，共同筑造起爱的小窝：多数乌鸫会将巢选在隐蔽的香樟、水杉等高大树木的粗壮枝干上，也有一些胆大的，选在窗台上或者花盆里。一旦巢址选好，乌鸫夫妇就会不辞辛劳地叼来泥土和枯草等材料，一点一点地垒出一个结实的碗状巢，枯草和泥就好像自然界的低配钢筋混凝土，十分坚固耐用，为雏鸟的成长保驾护航。巢的里面由纤细柔软的草茎铺垫，既可以防止幼鸟受伤，又可以起到保温作用，可谓一举两得。

乌鸫筑巢速度很快，一般三四天即可完工。巢做好后，乌鸫妈妈每天都会在晨光的沐浴中产下一枚蛋，蛋壳青灰色并且点缀着灰褐色的斑点。等到下齐4~6枚蛋后，雌鸟便正式开始了辛苦的孵化工作，每天趴在巢中一动不动，还要定时翻蛋，以保证蛋受热均匀，胚胎正常发育。在孵化期间，雄鸟也忙碌了起来：除了负责领地的警戒工作，还要多找些食物喂给巢中孵蛋的雌鸟，雌鸟外出觅食休息时，雄鸟就会待在巢附近，警惕危险出现。

随着气温的升高，孵蛋成为一件越来越辛苦的事，终于，雌鸟在孵化两周后，雏鸟费力啄开了蛋壳，降临到了这个世界上。刚刚出生的雏鸟紧闭双眼，全身肉红色，只有头和背上有几根湿漉漉的绒毛，待绒毛干燥蓬松起来后，才勉强能提供一点点温度，它们还要依赖妈妈的怀抱取暖。喂养雏鸟的初期，所需食物较少，主要由雄鸟提供，雌鸟则长时间待在巢中，为雏鸟保暖。每次喂食时，雏鸟刚刚吞咽下食物，便立即抬起屁股，排出一大泡粪便，由于雏鸟的消化能力较差，所以它们的粪便中残留了大量的营养，亲鸟随即一口吞下，虽然看似不卫生，实则节省了大量的能量，也防止粪便落在巢附近，吸引来天敌。随着时间的推移，雏鸟以肉眼可见的成长速度发育起来，一天一个模样。一周过后，雏鸟睁开了眼睛，长出来大量的羽毛，有了较强的调节体温的能力，食量也越发大了起来。此时，雌鸟与雄鸟会一同外出觅食，寻找来大量的蚯蚓和昆虫，一次又一次地将食物喂进雏鸟的口中。雏鸟的嘴巴好像无底洞一样，怎么也填不满、喂不饱，辛苦的乌鸫夫妇不再光鲜亮丽，变得憔悴起来。当然，乌鸫夫妇的付出没有白费，半个月的时间，雏鸟羽毛渐丰，站在巢边四处张望，尝试拍打稚嫩的翅膀，虽然不熟练，但越来越有力量。在亲鸟的鼓励下，雏鸟勇敢地飞翔——不，降落到地面上，在亲鸟的陪同下，雏鸟学习了觅食等生存技巧，最终离开亲鸟，独立生活去了。刚刚落在地上的雏鸟是最容易被人捡到的，每年的繁殖季节，总是会有大量的雏鸟被人捡回家，然而，并不是每一只雏鸟都需要被爱心救助的，没有救助经验的人往往会好心办坏事。

刚刚独立的幼鸟外形和大鸟非常相似，只是喙还是黑色的，羽毛棕黑色，缺乏光泽，仔细观察，还是可以区分出来的。这时候的幼鸟要学的东西有很多，除了觅食和飞行能力，雄性幼鸟最重要的就是学习模仿周围的各种声音，这是来年寻觅配偶的重要技能。终于，轻松下来的乌鸫夫妇稍作休整，在本能的驱使下，抓紧时间孕育下一窝雏鸟。说不定下一个巢就在你的阳台上……

第三节 ■

爬 行 类

爬行类是一类陆栖四足动物（如喙头蜥类和绝大多数有鳞类），也有一些类群营水陆两栖生活（如鳄类和龟鳖类）。它们在进化上获得了重要的进步性特征，即具有羊膜卵，这使其胚胎得以在充满羊水的羊膜腔内完成发育，成功解决了在陆地上繁衍后代的难题，被称为“羊膜动物”。目前发现的最早的爬行动物是生活于石炭纪晚期的林蜥，距今已有3.12亿年。

中生代时期，爬行动物的种类和数量达到鼎盛，占据着生物圈的各个生态位，很多种类还发展为巨大体型。此后，在地质气候变化、外来天体撞击、温度剧变、地壳活动等多重因素的影响下，爬行动物家族开始日渐衰退，不仅种类、数量大幅减少，在个体大小上也逐渐向小型化发展。

据《南京市野生动物资源》记载，南京分布的爬行动物共有26种，隶属2目9科。由于不同校园生境组成差异较大，本书收录了15种校园内较为常见的爬行动物，隶属2目8科。其中，红耳彩龟为外来入侵物种。

乌龟

Mauremys reevesii

龟鳖目 Testudines

地龟科 Geoemydidae

濒危 EN　国Ⅱ(仅野外种群)

- 记录时间：
- 记录地点：

○ **形态特征**　成体背甲呈卵圆形，雌性比雄性个体要大，雄性背甲长12~16 cm，雌性背甲长15~25 cm。头、颈侧面有黄色线状斑纹，背部形状较扁平，有三条纵向的隆起，后缘不呈锯齿状；雄体背部为黑色或全身黑色，雌体为棕色，腹面略带一些黄色，均有暗褐色斑纹；四肢比较扁平，有爪子，趾间具有全蹼。成年的雌雄个体差异大，雄性壳较窄长，尾部粗长；雌性壳较阔圆，尾部细短。

○ **生　　境**　栖息于江河、湖泊、池塘及其他水域。

○ **生态习性**　多于白天阳光充足、温度合适的时候在岸边空旷处晒背，遇到敌害或受到惊吓时，会快速躲入水中。杂食性，偏肉食，以昆虫、蠕虫、小鱼、虾、螺、蚌及植物嫩叶、浮萍为食。

○ **校园分布**　南京有水域的校园均有分布，均为人工放生。

▼ 齐硕 摄

• 记录时间：

• 记录地点：

Mauremys sinensis

花龟

龟鳖目 Testudines

地龟科 Geoemydidae

极危 CR　国Ⅱ(仅野外种群)

○ **形态特征**　体形较大，背甲长118~246 mm，宽104~178 mm，高56~110 mm。头背皮肤光滑。背甲与腹甲以骨缝相连，甲桥明显，有鲜明的黄色细线纹从吻端经眼和头侧，并沿头的背腹面向颈部延伸。四肢及尾亦布满黄色细线纹。体较扁。背甲具3棱，脊棱明显，略断续。侧棱由每枚肋板的一个突起相间连接而成。雄性腹甲内尾部粗长；雌性体形比雄性要大，腹甲平滑，尾部短细。

○ **生　　境**　栖息于江河、湖泊、池塘及其他水域。

○ **生态习性**　有上岸晒背的习性，受惊后即潜入水底。白天隐藏于洞内或水草较多的地方，高温时潜入水底，傍晚活动频繁，晚上喜伏于浅水处伸展四肢憩息。以小鱼、虾、蚯蚓、螺等为食，也会吃水生植物。

○ **校园分布**　南京有水域的校园均有分布，均为人工放生。

▼ 徐天旸 摄

红耳彩龟

Trachemys scripta elegans

龟鳖目 Testudines

泽龟科 Emydidae

- 记录时间：
- 记录地点：

○ **形态特征** 成体呈椭圆形，背甲平缓隆起，脊棱明显，后缘呈锯齿状。头宽大，吻部圆钝，头颈部有黄绿相间的纵纹，眼后两侧各有1长条形红色斑块。眼中等大，颈短而粗。背甲翠绿色，每块盾片上具黄绿圆环状斑纹；腹甲平坦，淡黄色，具规则排列的黑色圆环纹。四肢粗短，趾间具发达的蹼。尾适中。龟苗色泽鲜艳，随着个体长大，颜色、图案逐渐变淡。雄龟个体小，前肢的爪较长，尾基部较粗；雌龟个体大，前肢的爪较短，尾细且短。

○ **生　　境** 栖息于江河、湖泊、池塘及其他水域。

○ **生态习性** 外来入侵物种。性情活泼，有晒太阳的习性，但又不能久晒，对水声、振动反应灵敏。杂食性，以各种小型水生动物为食，也会吃水生植物。

○ **校园分布** 南京有水域的校园均有分布，均为人工放生。

▼ 龚德文 摄

- 记录时间：
- 记录地点：

Gekko japonicus

有鳞目 Squamata

壁虎科 Gekkonidae

无危 LC　三有

多疣（yóu）壁虎

○ **形态特征**　身体扁平，成体长 10~15 cm，尾与头体长度基本相当。体表覆有较小的粒鳞，身体及四肢背面散布疣鳞，其中体背中线疣鳞密集。指、趾间有蹼迹，第一指、趾无爪，指、趾底面有单排皮瓣。尾稍纵扁，尾基两侧各有大疣 2~3 个。体背面灰褐色，深浅依栖息环境而异，具有 5 个浅色横斑；尾背有 9~12 个浅灰色横环，腹面灰白色。

○ **生　　境**　栖息在建筑物的缝隙中，野外岩缝中亦常发现。

○ **生态习性**　亦称“壁虎”“天龙”“守宫”。白天躲藏于墙缝、树洞或者岩石缝隙处，夜晚常在有灯光的墙壁或路灯处捕食各种小型昆虫，常数只在同一墙上出现，有时为争食而互相争斗。

○ **校园分布**　南京各校园均有分布，常见。

▼ 黄悦 摄

蓝尾石龙子

Plestiodon elegans

有鳞目 Squamata

石龙子科 Scincidae

无危 LC | 三有

- 记录时间：
- 记录地点：

○ **形态特征** 一种细长的小型石龙子，体长约 9 cm。身体底色为黑色，长尾巴则为鲜艳而显眼的蓝绿色或铁青色。性成熟个体的两性差异显著，成年雄性体长、头长和头宽显著大于成年雌性。雄性个体背面棕黑色，有 5 条黄色纵纹；雌性个体背面棕黄色，5 条纵纹显著。雌雄老年个体背面橄榄棕色，纵纹颜色较浅或消失，特别是雄性，但褐色侧纹一般很明显。面颊红色斑与体侧红色条状斑隐约贯穿，形成 2 条红色纵线。

○ **生　　境** 栖息于丘陵山地。

○ **生态习性** 俗称“四脚蛇”“油蛇子”。多见于低山山林及山间道旁的石块下，喜在干燥而温度较高的坡上活动。以各种小型节肢动物为食。

○ **校园分布** 南京部分校园有分布，少见。

▼ 林青松 摄

雄

▼ 林青松 摄

雌

• 记录时间：

• 记录地点：

Scincella modesta

有鳞目 Squamata

石龙子科 Scincidae

无危 LC | 三有

宁波滑蜥

○ **形态特征** 小型蜥蜴，体小而细长，成体长 13~16 cm。尾长为头体长的 1.2 倍左右。背面古铜色，有零星的黑褐色线纹，身体两侧黑色，从吻端一直延伸至尾部，腹面灰白色。四肢短小纤细，前后肢贴体相向时，指、趾不相遇。耳孔卵圆形，前缘无瓣突，小于眼径。通体鳞片光滑，背鳞为体侧鳞宽的 2 倍。无上鼻鳞，左右前额鳞互不相接。

○ **生　　境** 栖息于丘陵山地。

○ **生态习性** 多生活于向阳山坡的多碎石处。多在白天活动。遇危险时，尾部会自切，再生尾会略短于原生的尾巴。以昆虫及小型无脊椎动物为食。

○ **校园分布** 南京各校园均有分布，常见。

▼ 王臻祺 摄

铜蜓蜥

Sphenomorphus indicus

有鳞目 Squamata

石龙子科 Scincidae

无危 LC | 三有

- 记录时间：
- 记录地点：

○ **形态特征**　成体长约 20 cm。背面光滑无棱，呈古铜色，其上有细碎黑斑。自眼后延伸至尾巴基部有一条宽黑褐色纵带。腹部灰白色。吻端不下陷，眼睑发达，下眼睑披细鳞。四肢短小纤细。

○ **生　　境**　主要生活于海拔 2000 m 以下的低海拔地区、平原和山地阴湿草丛中，以及荒石堆或有裂缝的石壁处。

○ **生态习性**　俗名“铜石龙子”“石锡”“山龙子”“铜楔蜥”“四脚蛇”。多于夜间活动。以昆虫及小型无脊椎动物为食。

○ **校园分布**　南京各校园均有分布，常见。

▼ 龚德文 摄

- 记录时间：
- 记录地点：

北草蜥

Takydromus septentrionalis

有鳞目 Squamata

蜥蜴科 Lacertidae

无危 LC | 三有

○ **形态特征** 身体细长，成体长 25~30 cm，尾长为体长的 2 倍以上。头小而略尖。背面橄榄褐色，体背鳞片大而起棱，通常中段为六纵行。腹面灰白色，体侧下方绿色。生活时体色变化较大，体背草绿色、棕绿色或棕色，体腹黄绿或灰白，眼至肩部有一条浅纵纹，雄体背侧有一纵纹，体侧有不规则的深色斑。

○ **生　　境** 栖居于山区和丘陵的荒地、农田、茶园、路边、乱石堆、灌丛及草丛中。

○ **生态习性** 主要在白天活动。行动十分敏捷，细长的指、趾及尾都可以帮助其在灌木上攀援，遇到敌害和惊扰能迅速逃脱，不易被捕捉。尾可断，能再生。主要以昆虫为食。

○ **校园分布** 南京部分校园有分布，少见。

▼ 严少华 摄

短尾蝮 fù

Gloydius brevicaudus

有鳞目 Squamata

蝰科 Viperidae

近危 NT | 三有

- 记录时间：
- 记录地点：

○ **形态特征** 中等大小管牙毒蛇，身体短且粗，成体长 50~70 cm，头部呈三角形，具颊窝，与颈区分明显。眼后有一道宽大的黑褐色眉纹，在其上缘镶以白色细纹。体背面浅褐色，左右两侧各有一行深棕色近圆形大斑，有些个体背脊中央有一条棕红色纵线。体腹面灰白色，密布棕黑色细点。尾短，颜色较浅，呈黄色或黄褐色。

○ **生　　境** 生活在长江中下游的平原丘陵地区，其生存的海拔上限为 1100 m。

○ **生态习性** 俗名“七寸子”“土蝮蛇”“土公蛇”。昼夜活动，夏季、秋初分散活动于村落的耕作区、沟渠、路边，多利用树洞、鼠洞等现成的洞穴穴居。因分布广、栖息环境多样，其食物组成亦较多样，以鼠类、鸟类、蛙类、鱼类为食。

○ **校园分布** 南京部分校园有分布，少见。

▼ 高凡 摄

- 记录时间：
- 记录地点：

Elaphe bimaculata

有鳞目 Squamata

游蛇科 Colubridae

近危 NT | 三有

双斑锦蛇

○ **形态特征** 中小型无毒蛇，全长 70 cm 左右。体背为褐灰色，具深色哑铃状斑纹，体侧与背部的斑纹交错排列。头、颈可区分。头两侧各具一条黑纹，自吻端经眼斜达口角。上下唇亮黄色，偶有白色。

○ **生　　境** 生活在平原、丘陵和山区的坡地树林、灌木丛。

○ **生态习性** 卵生，性情温顺，无毒，不会去主动攻击人。捕食蜥蜴、壁虎和鼠类。

○ **校园分布** 南京部分校园有分布，罕见。

▼ 王臻祺 摄

王锦蛇

Elaphe carinata

有鳞目 Squamata

游蛇科 Colubridae

易危 VU　三有(仅野外种群)

- 记录时间：
- 记录地点：

○ **形态特征**　大型无毒蛇类，身体粗壮，成体长约 2 m。头略大，头颈可区分，头背黄色，鳞缘色黑。体、尾背面黄褐色或灰褐色，前半段具深浅交替的横纹，后半段背鳞鳞缘黑色，形成黑色网纹。上下唇和头、腹部多为黄色。体、尾腹面黄色，腹鳞鳞缘黑色，形成黑色横纹。

○ **生　　境**　一般生活于山地、丘陵的杂草荒地，平原亦有分布。其生存的海拔范围为 300~2200 m。

○ **生态习性**　又名“臭青母”“臭青公”。个体较大，性活泼、凶猛，行动敏捷，是无毒蛇中攻击性较强的种类，遇到惊吓时，会从肛门腺分泌出带有臭味的液体来吓跑敌人。以鸟类、鼠类、蛇类为食，对蛇毒有一定免疫力，所以也会捕食毒蛇。

○ **校园分布**　南京部分校园有分布，少见。

▼ 高凡 摄

- 记录时间：

- 记录地点：

Elaphe taeniura

有鳞目 Squamata

游蛇科 Colubridae

易危 VU | 三有

黑眉锦蛇

○ **形态特征** 中大型无毒蛇类，成体长约 170 cm。头颈可区分，头部和体背黄绿色或略带灰褐色，腹部为灰白色。眼后有一条明显的黑纹，体背的前、中段有黑色梯形或蝶状斑纹。由体背中段往后斑纹渐趋隐失，但有 4 条清晰的黑色纵带直达尾端。全身布满黄色和黑色的花纹。各地域个体的体色和色斑差异很大。

○ **生　　境** 生活在高山、平原、丘陵、草地、田园及村舍附近，稻田、河边及草丛中亦有分布。其生存的海拔上限为 3000 m。

○ **生态习性** 别名有“家蛇”“秤星蛇”“黄颔蛇”“枸皮蛇”“黄喉蛇”“菍鳗”“黄长虫”“广蛇”等。善攀爬，适应力极强，分布广。非常喜食鼠类，常因追逐老鼠出现在农户的居室内、屋檐及屋顶上，在南方素有“家蛇”之称，被人们誉为“捕鼠大王”。

○ **校园分布** 南京大部分校园有分布，易见。

▼ 王臻祺 摄

赤链蛇

Lycodon rufozonatus

有鳞目 Squamata

游蛇科 Colubridae

无危 LC | 三有

- 记录时间：
- 记录地点：

○ **形态特征** 中型无毒蛇类，成体长 100~130 cm。头较大，吻端宽扁。头背黑褐色，鳞沟红色。枕部具红色“∧”形斑，身体的底色多为红褐色，体背上有红黑交错的环纹和斑块，腹面灰黄色，腹鳞两侧杂以黑褐色点斑。眼较小，瞳孔直立，椭圆形。

○ **生　　境** 常生活于丘陵、山地、平原、田野村舍及水域附近。其生存的海拔上限为 1300 m。

○ **生态习性** 又名“红斑蛇”“火赤链”。性情凶猛，多在傍晚出来活动。有同类互食行为，不主动攻击人，不爱动，爬行缓慢，受到惊吓时行动敏捷。遇到敌害时，会将头部埋于体下，摇动尾巴警告，如无效，会发起攻击，一旦被抓住，会从肛门腺分泌出带有臭味的液体。以鱼、蛙、蜥蜴、蛇、鸟、鼠等为食。

○ **校园分布** 南京各校园均有分布，常见。

▼ 黄悦 摄

• 记录时间：

• 记录地点：

Ptyas dhumnades

有鳞目 Squamata

游蛇科 Colubridae

易危 VU | 三有

乌梢蛇

○ **形态特征** 大型无毒蛇类，成体长 200 cm 左右。头部椭圆形，眼大，瞳孔圆形，与颈部有明显分别。体色以黄褐色或灰褐色为主，背鳞鳞缘黑色，形成黑色网纹。背部中央有一条黄色纵纹，两侧有黑色条纹，上唇及喉部淡黄色，腹面灰白色，其后半部呈青灰色。

○ **生　　境** 多见于平原、丘陵地带，亦常见于农耕田水域附近。其生存的海拔范围为 50~1570 m。

○ **生态习性** 又名“过山刀”“乌蛇”“乌花蛇”“乌风蛇”“断草乌”“剑脊蛇”等。对栖息地湿度及环境变化比其他蛇类更敏感，喜暖厌寒，喜静厌闹。日间活动，爬行速度快，爬行时，头部会往上扬。以鼠类、蛙类、蜥蜴为食。

○ **校园分布** 南京各校园均有分布，少见。

▼ 王臻祺 摄

虎斑颈槽蛇

Rhabdophis tigrinus

有鳞目 Squamata

水游蛇科 Natricidae

无危 LC | 三有

- 记录时间：
- 记录地点：

○ **形态特征** 中型无毒牙有毒蛇类，成体长 90~130 cm。头部椭圆形，眼较大，瞳孔圆形。头背橄榄绿色、浅蓝色或蓝色，上唇鳞污白色，鳞沟色黑，眼正下方及斜后方各具一条粗黑纹。受惊时，常直立起前半身，颈部扁平扩大。颈背正中有颈槽。背面草绿色或深绿色，躯干前段自颈后有黑红相间的色块，一直延伸到体中段逐渐消失。体尾腹面前段灰白色，散布灰黑色点，后段渐呈黑色。

○ **生　　境** 生活环境多样，以水田、湿地为主，但也会在山地森林活动。

○ **生态习性** 俗称“野鸡脖子”“竹竿青”。通常认为颈槽蛇是一类无毒的蛇，后来研究发现颈槽蛇的毒液由达氏腺直接分泌至口腔，通过撕咬形成的伤口流入。受惊扰或被激怒时，昂首举颈，颈部膨扁，身体呈“S”形弯曲。主要捕食蛙类和鱼类。

○ **校园分布** 南京部分校园有分布，少见。

▼ 高凡 摄

遇见

石龙子的故事

蜥蜴是爬行纲下蛇类的远亲，身上被覆角质鳞片。校园里常见的北草蜥、宁波滑蜥、铜蜓蜥和蓝尾石龙子等石龙子科动物都属于蜥蜴。它们胆小机警，爬行速度很快，有着极好的保护色，能够完美隐藏在枯叶下，不仔细看根本找不到，所以大多数时候，你都只能听到路边传来的窸窸窣窣的声音。

遇到天敌时，石龙子会使用断尾逃生的技能。被天敌咬住尾巴的时候，它们会摆动尾巴，形成一个特定的角度，然后折断，这种现象是其独特的生存策略——断尾逃生。断掉的尾巴能够吸引捕食者的注意力，这个看起来非常残忍的方式，对于它们来说并不会那么痛，因为它们的尾巴结构比较特殊，有一些比较脆弱的断面，这些断面的结构就像插头和插座一样，靠近尾端断面处有一圈凸起的楔形肌肉组织（类似于插头），可以插进靠近身体的一端（类似于插座）。平时，它们可以依靠身体里的液体和断面的微结构让尾巴牢牢连接在一起，而当尾巴的肌肉剧烈收缩或者有外力拉扯尾巴尖的时候，尾巴就可以很容易地断裂开，并且不会大量流血。一次散步时，我就见到了一只断尾的北草蜥，要知道，北草蜥的尾长是体长的两倍以上，所以断尾的北草蜥看起来非常不协调。当然，断掉的尾巴还可以重新长出来。北草蜥断尾后，大量不同功能的细胞会纷纷聚集到受伤的部位，从而造出一条全新的尾巴，但是整个过程需要一个月到几个月的时间，而且新的尾巴会不如原来的尾巴那样强壮、灵活，所以它们并不会轻易断尾。我们在校园遇到蜥蜴的时候，尽量不要惊扰它们。

在所有的石龙子里面，北草蜥最好辨认。前面提到过，这是一种尾巴很长的蜥蜴，尾长是体长的两倍以上，所以它们看起来极其优雅。北草蜥体色多变，体背呈草绿色、棕绿色或棕色，这可以让它们和草丛环境融为一体。北草蜥动作迅速，白天，它们四处寻找食物，不易观察；到了晚上，它们则会找一片远离地面的叶子，趴在上面休息，此时更容易观察它们。

在常见的石龙子里，蓝尾石龙子是极其显眼的存在，顾名思义，蓝尾石龙子就是长着蓝色尾巴的石龙子。我没有见过真正的“蓝尾”石龙子，因为这种惹眼的蓝色尾巴只有在它们幼年时才见得到，随着年龄的增长，它们尾巴上的蓝色会渐渐变得黯淡，只剩下身上的五条纵线作为标记。

铜蜓蜥是我见得最多的石龙子，与北草蜥相比，它的体形较小。铜蜓蜥头较小，体形瘦长，躯体具古铜色光泽，侧面具较宽的黑色纵纹。和其他石龙子一样，铜蜓蜥爬行速度极快，非常机灵，很多时候，树叶突然有声响时，我才知道是铜蜓蜥路过，因它们体色和环境相似，经常藏身在枯叶中，所以只有它们在开阔处晒太阳时，我们才能看得到。石龙子科繁殖方式多样，有些种类是卵生，有些种类是卵胎生，比如铜蜓蜥就是卵胎生。它们的受精卵在母体内就孵化成了胚胎，躲过了孵化过程中最脆弱的时期，卵产出来后，很快就孵化出了幼体，能够自由活动，自然就能躲避许多风险。

宁波滑蜥和铜蜓蜥的长相则有一些相似，体形瘦长，躯体也具古铜色光泽，体侧同样有一黑色纵纹。当宁波滑蜥在草丛中飞速穿过时，初见石龙子的同学很难将其和铜蜓蜥区分开。不过宁波滑蜥和铜蜓蜥还是有很大区别的，宁波滑蜥的黑色纵纹自吻端一直延伸至尾部，而铜蜓蜥的黑色纵纹则自眼后沿体侧延伸至尾基部；宁波滑蜥下眼睑具透明的睑窗，铜蜓蜥下眼睑披细鳞，无睑窗；宁波滑蜥的躯体较铜蜓蜥更细长，且吻部相对短钝。

石龙子们主要吃蟋蟀、蟑螂、蝗虫、小甲虫、蚯蚓、苍蝇等，有的也吃植物，它们同时也是鸟类、蛇类以及刺猬、野猪等兽类的猎物，供养着居于食物链上端的众多野生动物。在这样捕食和被捕食的关系中，它们实现了生态系统的物质循环和能量流动，对于维持我们周边环境的生态平衡作出了重要贡献。

校道两旁的石缝和落叶一直是石龙子们的天堂，但是看见过石龙子的同学并不多……和刺猬一样，石龙子们享受着校园里种植的多样化的木本及草本植物，它们的保护伞与校园生态的庇护所融为一体，想观察这些校园精灵的同学可以早起试试，也许有机会看到石龙子疾速通过校道的景象哦！

第四节

两 栖 类

两栖类是脊椎动物登陆的先锋。登陆运动是动物从水栖到陆栖生活的重大转变，是脊椎动物在进化史上开拓更大生存空间所经历的最严峻的挑战。两栖动物凭借着变温和代谢率低的特点，得以在多次灭绝浪潮中苟延存活下来，繁衍至今，但是两栖类与它的鱼类祖先类似，生殖时必须回到水中。自中生代开始，由于羊膜动物的崛起，两栖动物的生态位不断受到挤占，逐渐衰微，占据的生态位类型较为单一。两栖动物本身扩散能力差，且现生两栖动物多无法适应高渗透压的海水生境，无法适应沙漠戈壁的干燥气候以及极地的寒冷气候，导致整体分布范围狭窄、物种多样性远低于其他脊椎动物类群。

两栖动物皮肤透气性强，与外界物质交换频繁，对污染物极为敏感，对生境挑剔。全球两栖动物都受栖息地丧失的影响极为严重。

据《南京市野生动物资源》记载，南京分布的两栖动物共有 12 种，隶属 2 目 5 科。由于不同校园生境组成差异较大，本书收录了 8 种校园内较为常见的两栖类，隶属 1 目 4 科。

中华蟾蜍

Bufo gargarizans

无尾目 Anura

蟾蜍科 Bufonidae

无危 LC | 三有

- 记录时间：
- 记录地点：

○ **形态特征** 体肥大，躯体粗而宽，体长 10 cm 左右，雄性较小，皮肤很粗糙，背面满布圆形瘰疣；吻棱上有疣；上眼睑内侧有 3~4 枚较大的疣粒，沿眼睑外缘有一疣脊；腹面满布疣粒。体背面颜色多为橄榄黄色或灰棕色，有不规则深色斑纹；肩部、体侧、股后常有棕红色斑；腹面灰黄色或浅黄色，有深褐色云斑，咽喉部斑纹少或无，后腹部有一个大黑斑。无声囊，雄性内侧 3 指有黑色刺状婚垫。

○ **生　　境** 生活于海拔 120~4300 m 的多种生态环境中。除冬眠和繁殖期栖息于水中，多在陆地潮湿环境中栖息。

○ **生态习性** 夜行性。成蟾在 10 月后进入水中或松软的泥沙中冬眠，翌年 1—4 月出蛰即进入静水域内繁殖。卵群呈双行或 4 行交错排列于管状卵带内。食性较广，以昆虫、蚁类、蚯蚓及其他小动物为食。

○ **校园分布** 南京各校园均有分布，常见。

▼ 黄悦 摄

泽陆蛙

- 记录时间：
- 记录地点：

Fejervarya multistriata

无尾目 Anura

叉舌蛙科 Dicroglossidae

无危 LC

○ **形态特征** 体形中等，雄蛙体长 38~40 mm，雌蛙体长 43~49 mm。身体背部粗糙，一般呈灰橄榄色或深灰色，杂有棕黑色斑纹；唇缘有棕黑色纵纹，四肢背面有棕色横斑；无背侧褶；腹部光滑，为乳白色或乳黄色。个体间颜色差异颇大，有时赭红色或深绿色的斑纹颇显著。趾间近半蹼。雄蛙第一指婚垫发达，单咽下外声囊，咽喉部黑色，外形上声囊中央略凹入。

○ **生　　境** 从沿海平原、丘陵地区至海拔 1700 m 的山区，都能见到它的踪迹。

○ **生态习性** 泽陆蛙适应性强，生活在稻田、沼泽、水沟、菜园、旱地及草丛。主要在夜间活动，以凌晨前和黄昏后为觅食高潮期。大雨后，多在临时水坑内鸣叫。以各种昆虫及其幼虫为食。

○ **校园分布** 南京各校园均有分布，常见。

▼ 黄悦 摄

北方狭口蛙

Kaloula borealis

无尾目 Anura

姬蛙科 Microhylidae

无危 LC

• 记录时间：

• 记录地点：

○ **形态特征** 体形较小，成年蛙约 4 cm，头小，体圆。鼓膜不明显。皮肤较厚而平滑。背面有少数小疣，枕部有横肤沟；颞褶斜置；肛周围小疣较多。腹面皮肤光滑。生活时，背面呈浅棕色或橄榄棕色，头后肩前一般有浅橘红色“W”形宽横纹。后肢粗短，除第四趾，其余各趾间均具有半蹼。雄蛙喉部为灰黑色，有单个咽下外声囊，胸部有大的皮肤腺。

○ **生　　境** 栖息于海拔 50~1200 m 的平原和山区，喜陆栖。

○ **生态习性** 不善于跳跃，多爬行，平时很难见到其踪迹，一般在雨后活动较多。以各种昆虫为食，产卵季节与雨季来临的迟早有关。因其后肢有发达的内跖突，故善于挖土钻穴，所栖洞穴常深达数尺。遇到侵袭时，常常肚子胀气如鼓，故有“气鼓子”之别名。

○ **校园分布** 南京各校园均有分布，易见。

▼ 黄悦 摄

• 记录时间：

• 记录地点：

Microhyla fissipes

无尾目 Anura

姬蛙科 Microhylidae

无危 LC

饰纹姬蛙

○ **形态特征** 体形较小，雄蛙体长约 21 mm，雌蛙体长约 25 mm。头小而尖，身体略呈三角形，趾间有微蹼。背部有许多小疣；由眼后至胯部常有一斜行大长疣；枕部常有一横肤沟，并在两侧延伸至肩部；腹面皮肤光滑。背面颜色和花斑有变异，一般为粉灰色、黄棕色或灰棕色，其上有两个浅棕色“Λ”形斑，前后排列；腹面白色。雌蛙咽喉部密布深灰色小点；雄蛙咽喉部深黑色，胸、腹部及四肢腹面白色。

○ **生　　境** 生活于海拔 1400 m 以下的平原，丘陵和山地的水田、水坑，或在水域附近的草丛中。

○ **生态习性** 俗称“小雨蛙”，雄蛙叫声低沉而缓慢，如“嘎，嘎，嘎，嘎”。阴雨天的求偶活动异常明显。主要以蚊类等小型昆虫为食。

○ **校园分布** 南京各校园均有分布，常见。

▼ 龚德文 摄

小弧斑姬蛙

Microhyla heymonsi

无尾目 Anura

姬蛙科 Microhylidae

无危 LC

- 记录时间：
- 记录地点：

○ **形态特征** 小型蛙类，雄蛙体长 16~21 mm，雌蛙体长 22~26 mm。体略呈三角形，头小，前肢细弱；趾间具蹼迹；指、趾末端均具吸盘，其背面均有纵沟；背面皮肤较光滑，散有细疣粒，颜色为粉红色或灰色，有一黑色横带从鼻子尖端延伸到腹股沟并完全覆盖头部两侧。腹面光滑，呈白色。咽喉、胸部及腹侧有棕色小点。

○ **生　　境** 多栖息在海拔 70~1515 m 靠山边的水田、园圃及水坑附近的泥窝、土穴或草丛中。

○ **生态习性** 又名“黑蒙西氏小雨蛙”。蝌蚪生活在靠山边的稻田、路边水沟、废粪池及缓流的小溪内。春夏时节常躲在水边草丛、落叶或小石堆中鸣叫，经常和饰纹姬蛙同时出现。主要以蚁类等小型昆虫为食。

○ **校园分布** 南京各校园均有分布，常见。

▼ 王臻祺 摄

- 记录时间：
- 记录地点：

Pelophylax nigromaculatus

无尾目 Anura

蛙科 Ranidae

近危 NT

黑斑侧褶（zhě）蛙

○ **形态特征** 中型蛙类，雄蛙体长约 62 mm，雌蛙体长 74 mm 左右。背面皮肤较粗糙；体背面颜色多样，有淡绿色、灰褐色等颜色，杂有许多大小不一的黑斑纹；多数个体自吻端至肛前缘有淡黄色或淡绿色的脊线纹；背侧褶明显，金黄色、浅棕色或黄绿色；有些个体沿背侧褶下方有黑纹，或断续成斑纹；自吻端沿吻棱至颞褶处有一条黑纹；体侧有长疣或痣粒；鼓膜上缘有细颞褶，口角后的颌腺窄长；腹面光滑。腹部呈白色，趾间具蹼。雄蛙有一对声囊，第一指有婚垫。

○ **生　　境** 生活在平原或丘陵的水田、池塘、湖沼区。

○ **生态习性** 又叫“黑斑蛙”，俗称“青蛙”“青鸡”。白天隐匿在农作物、水生植物或草丛中。受惊时，会连续跳跃多次进入水中，并潜入深水处，钻入淤泥中或躲藏在水生植物间。以各种昆虫为食。

○ **校园分布** 南京各校园均有分布，常见。

▼ 戴云飞 摄

金线侧褶(zhě)蛙

Pelophylax plancyi

无尾目 Anura

蛙科 Ranidae

近危 NT

• 记录时间：

• 记录地点：

○ **形态特征** 中型蛙类，雄蛙体长 55 mm 左右，雌蛙体长 67 mm 左右。头略扁；吻端钝圆，吻棱略显；眼间距窄。前肢较短，后肢较粗短；趾间几乎满蹼。背面皮肤光滑或有疣粒，体侧疣粒明显；腿部有纵行细肤褶或不显，肛部及股后疣粒明显；腹面皮肤光滑，股腹面具扁平疣；体背面绿色或橄榄绿色，鼓膜及背侧褶棕黄色；四肢背面绿色或有棕色横纹。腹面鲜黄色或略带棕色点，股腹面有棕色斑。

○ **生　　境** 多栖于海拔 50~200 m 稻田区内的池塘，在藕塘和池塘附近的稻田内也常能见到。

○ **生态习性** 又名“金线蛙”，能栖于多种水体，昼夜外出觅食。鸣叫声似小鸡，静栖时较少鸣叫，急速运动时常伴有鸣叫，且叫声短促。以各种昆虫为食。

○ **校园分布** 南京各校园均有分布，常见。

▼ 张燕宁 摄

镇海林蛙

- 记录时间：
- 记录地点：

Rana zhenhaiensis

无尾目 Anura

蛙科 Ranidae

无危 LC

○ **形态特征** 中型蛙类，雄蛙体长约 46 mm，雌蛙体长 48 mm 左右。皮肤较光滑，背部及体侧有少数小圆疣，多数个体在肩上方的疣粒排列成“八”形或“Λ”形；腹面光滑；体色变异较大。雄蛙背面一般为橄榄棕色、棕灰色或棕褐色，有的墨绿灰色或灰黄色；产卵季节时，雌蛙体背一般为红棕色或棕黄色，以后逐渐接近于雄蛙的颜色。鼓膜部位三角形黑斑明显；两眼间有深灰色或黑色横纹；背侧褶较体背颜色稍浅，四肢背面有宽窄不一的黑横纹。

○ **生　　境** 生活于近海平面至海拔 1800 m 的山区，所在环境植被较为繁茂，乔木、灌丛和杂草丛生。

○ **生态习性** 中国的特有物种，非繁殖期成蛙多分散在林间或杂草丛中活动，觅食多种昆虫及软体动物，1 月下旬至 3 月繁殖。

○ **校园分布** 南京部分校园有分布，易见。

▼ 黄悦 摄

中华蟾蜍的故事

因为喜欢蛙蛙或是要做小动物观察的课外实践作业，每到三四月份，学校的水塘边、河道旁就趴满了带着娃娃捞蝌蚪的爸爸妈妈……于是，就有了这样的故事：

校园的池塘边——

天啊，这些黑黑的小蝌蚪都没有妈妈吗？我们捞一些回去，等养大了再送回来吧！

然后，我的微信答疑群里——

求助，昨天我捞了好多蝌蚪，怎么今天就死了这么多啊？老师，它们是不是饿死了？小蝌蚪们吃什么啊？

回答：你们用来养蝌蚪的自来水晒过吗？自来水中的氯对蝌蚪可是有害的。野外的蝌蚪，以藻类等浮游生物为食，你们家中的水里有吗？如果没有，那就赶紧送它们回池塘去吧！蝌蚪的成活率本来就极低，大多数两栖动物在产卵后，还缺少卵守护、育雏等亲体关怀行为，蝌蚪变态存活率研究表明，其存活率一般低于 5%。

不久，还是在我的微信答疑群里——

老师，我的蝌蚪长后腿了，它们是不是就要变成小青蛙了？我现在要给它们吃什么啊？

回答：长后腿了，真不容易啊！你们的鱼缸里有预留浅滩和陆地吗？如果没有，那就赶紧送它们回池塘去吧！它们快要上岸了，蝌蚪发育后期需要用肺呼吸，长时间上不了岸，它们会被淹死的！

等到春天的尾梢，最后一次在我的微信答疑群里——

老师，这些丑丑的小东西是青蛙吗？它们怎么长得不怎么好看呢？

回答：挺可爱的小东西呀！不喜欢？可是你养的本来就是蛤蟆的蝌蚪啊！太丑了？那赶紧把它们送回池塘边吧！再不送它们回去，它们该饿死了。

明代李时珍的《本草纲目》中提及，蝌蚪生水中，蛤蟆、青蛙之子也。

三四月里，忙着抱对产卵且繁衍后代的主要是蛤蟆，也就是动物学上的中华蟾蜍。它跟蛙类都属于两栖类无尾目动物，都要冬眠。它们的幼体也就是蝌蚪都要在水中生活，用鳃呼吸，变态发育的成体上岸后，用肺和皮肤呼吸。蟾蜍产卵之后，那些青蛙们，如镇海林蛙、黑斑侧褶蛙、饰纹姬蛙、金线侧褶蛙、中国雨蛙、泽陆蛙、虎纹蛙、棘胸蛙才开始陆续产卵。其实青蛙和蟾蜍的蝌蚪差别很大，蟾蜍的蝌蚪头圆尾尖，像黑色的逗号，喜欢聚在一起，池塘里那些黑压压一片活动着的蝌蚪，大概率是蟾蜍的蝌蚪。青蛙的蝌蚪喜欢分散活动，常见的青蛙蝌蚪通常偏黄色或棕色（接近父母的肤色），背部有斑点，尾巴像披针形树叶。很多同学满心欢喜地把蝌蚪养大，以为自己抓的蝌蚪会变成漂亮的青蛙，结果却发现长成了蟾蜍，也就是我们常说的蛤蟆。

长大后的蟾蜍从长相上看确实不怎么招人喜欢，它们大多栖息在草丛或土洞中，皮肤粗糙，全身布满大小不等的圆形疣，眼后方有圆形鼓膜，头顶部两侧大而长的耳后腺是区别它们与其他蟾蜍属物种的标志。民间将蟾蜍列为“五毒”之一，其毒液正是来源于耳后腺和散布周身的浆液腺，而正是这些毒腺的存在，才让蟾蜍看起来疙疙瘩瘩的，让人看着心生厌恶与害怕。一只蛤蟆是可爱还是可怕，这只是基于我们的视角对动物这样或那样的判断。随着我们对两栖动物的了解，许多人已经抛开了过去对这类动物的恐惧和误解。毕竟，对一只在校园里散步的刺猬来说，狗是极为可怕的天敌；而对于我们人类来说，它却只是一只需要被关心的宠物。从生态学上来说，中华蟾蜍以苍蝇、蚊子、蚂蚁、蝗虫、蚯蚓等为食物，同时也被蛇类、鸟类、兽类捕食，它们作为生态系统中重要的一环，是农作物的天然保护者，在自然环境网络中具有重要的生态地位。

好了，最后强调一句，最好还是让小蝌蚪在自然环境中成长，不要随便把它们抓回家，这是一种破坏生态的行为。

第五节 ■
鱼 类

鱼类是最早具有上下颌，终生在水中生活的脊椎动物，也是现生脊椎动物中种类最多的一类。根据骨骼成分的不同，鱼类可分为软骨鱼和硬骨鱼两大类。

鱼类和其他脊椎动物的区别主要在于以下几个特征：受水中生活的限制，其身体呈流线型以减少游泳阻力；利用鳍在水里运动，鳍兼具桨和舵的功能；用鳃在水中呼吸；大多数表面有鳞片以保护身体；多数硬骨鱼可以利用鳔来调节自己在水中的浮力；绝大多数属于变温动物，体温和水温相近，只有少数大洋鱼类体内温度较体外高。

南京市位于长江下游，市内水网密布，有多种水体。鱼类物种资源丰富，据统计，南京市鱼类共有 120 多种。南京校园内的池塘、水渠等水体环境，给一些原生鱼类提供了栖息环境。由于水体生境环境有限，本书仅收录了 14 种较为常见的鱼类，隶属 4 目 5 科。其中，食蚊鱼为外来入侵物种。

鳘 cān

Hemiculter leucisculus

鲤形目 Cypriniformes

鲤科 Cypriniformes

无危 LC

- 记录时间：
- 记录地点：

○ **形态特征** 体侧扁，背部较平直，腹部边缘呈弧形。侧线在胸鳍上方急剧向下弯折。胸鳍基部下方至肛门间具有腹棱。背鳍前端有硬刺，背部多为明亮的茶黄色。

○ **生　　境** 生活在湖泊、河流等水域的中上层。

○ **生态习性** 常成群活动。别名"白条""餐条"，常在水表层活动。春季到秋季常在沿岸水表层游动，喜欢风浪以及高温；冬季则藏至深水区越冬。在流水或静水当中都能生长、繁殖，雄性在繁殖期时，头部会出现白色的珠星。杂食性，主要以附着性藻类、浮游动物及水生昆虫等为食。

○ **校园分布** 南京各有水域的校园均有分布，常见。

▼ 林永晟 摄

- 记录时间：
- 记录地点：

Carassius auratus

鲤形目 Cypriniformes

鲤科 Cyprinidae

无危 LC

jì 鲫

○ **形态特征** 体侧扁，腹部圆，口部无须，整体呈银灰色，背部深灰色，腹部灰白色，背鳍灰黑色，背鳍前段较长而后段较短。

○ **生　　境** 广泛分布于各大湖泊、江河、水渠、沼泽、池塘当中，尤其以水草茂盛的浅水湖及池塘较多。

○ **生态习性** 具有很强的环境适应能力，对于其他鱼很难适应的水域，鲫鱼仍然可以生存。繁殖能力极强，数量多而且喜欢成群活动。杂食性，主要以植物性食物为食。

○ **校园分布** 南京各有水域的校园均有分布，常见。

▼ 张燕宁 摄

鲤

Cyprinus carpio

鲤形目 Cypriniformes

鲤科 Cyprinidae

• 记录时间：

• 记录地点：

○ **形态特征** 体侧扁而腹圆，口两侧各一条短须，背部稍隆起，背鳍前段较长而后段较短。身体背部呈灰黑色，体侧青灰色且略带金黄色，腹部灰白色，臀鳍和尾鳍下叶呈橘黄色。

○ **生　　境** 幼鱼喜欢在浅水水草附近成群活动，成年以后多数时间生活在水体下层，除非天气闷热或含氧量不足时，才会偶尔出没于开阔的水面。江河到沼泽的各大水域都可以生存。

○ **生态习性** 常成群活动。在春季涨水时，鲤鱼会进入河道河漫滩的草丛当中进行繁殖，它们甩鱼子的过程非常激烈，会激起大量的水花。杂食性，主要以甲壳类及小型无脊椎动物为食。

○ **校园分布** 南京各有水域的校园均有分布，常见。

▼ 居涛 摄

• 记录时间：

• 记录地点：

Rhodeus ocellatus

鲤形目 Cypriniformes

鲤科 Cyprinidae

无危 LC

高体鳑鲏

páng pí

○ **形态特征** 体高，呈卵圆形，侧扁，背缘隆起，尾鳍叉形。成年雄鱼色彩鲜艳，繁殖期尤为鲜艳，且头部长出珠星；雌鱼颜色暗淡，繁殖期长出长长的灰白色产卵管。

○ **生　　境** 栖息于低海拔缓流或静止的湖沼水域中，较常出现于透明度低、营养化程度略高的静止水域。

○ **生态习性** 常成群活动。具有特殊的生殖行为：繁殖期时，雄鱼领域性强，雌鱼借着细长的产卵管，伸入蚌类的鳃瓣中，将卵产于蚌的内部，借此受到充分的保护，再由雄鱼上前授精，进而完成授精及孵化的程序。杂食性，主要以附着性藻类、浮游动物及水生昆虫等为食。

○ **校园分布** 南京各有水域的校园均有分布，常见。

▼ 林永晟 摄

鲢

Hypophthalmichthys molitrix

鲤形目 Cypriniformes

鲤科 Cyprinidae

无危 LC

- 记录时间：
- 记录地点：

○ **形态特征** 体侧扁，腹部狭窄，胸鳍基前方至肛门间有腹棱。头大，侧扁。吻短钝，吻长大于眼径。眼较小，位于头前侧中轴下方，近吻端。口宽大。体银白色，头、体背部较暗。胸、腹鳍灰白色，背鳍和尾鳍边缘黑色。

○ **生　　境** 栖息于江河干流及附属水体的上层。

○ **生态习性** 俗称“白鲢”。性情活泼，善跳跃。幼鱼能主动游入河湾或湖泊当中索饵，冬季湖水水位降低，成体大多到河床深处越冬。以浮游植物为食，鱼苗阶段以浮游动物为食。

○ **校园分布** 南京各有水域的校园均有分布，常见。

▼ 居涛 摄

- 记录时间：
- 记录地点：

Hypophthalmichthys nobilis

鲤形目 Cypriniformes

鲤科 Cyprinidae

无危 LC

yōng 鳙

○ **形态特征**　头很大，头长大于体高。吻宽短。眼小，位于头前侧中轴线下方。眼间隔宽。口宽大。下颌稍突出，上颌骨后端延伸至眼前下方，无须。体背侧灰黑色，中间有浅黄色，腹部银白色。体侧有许多不规则黑色斑点。各鳍灰白色，并有许多黑斑。

○ **生　　境**　生活在江河干流、平缓的河湾、湖泊和水库的中上层。

○ **生态习性**　俗称“花鲢”“胖头鱼”。幼鱼及未成熟个体一般到沿江湖泊和附属水体中生长，为温水性鱼类。性情温和，行动缓慢，不善跳跃。从鱼苗到成鱼阶段都是以浮游动物为主食，兼食浮游植物，是典型的浮游生物食性的鱼类。

○ **校园分布**　南京各有水域的校园均有分布，常见。

▼ 居涛 摄

青鱼

Mylopharyngodon piceus

鲤形目 Cypriniformes

鲤科 Cyprinidae

无危 LC

- 记录时间：
- 记录地点：

○ **形态特征** 体形较大，记录显示，最大个体有 1.74 米。体修长，腹部圆，头中大，稍侧扁，头顶宽平。吻圆钝，稍尖。口角无须，体被覆较大圆鳞，背鳍无硬刺。体呈青灰色，背部较深，腹部灰白色，鳍均呈黑色。

○ **生　　境** 通常栖息在水的中下层。

○ **生态习性** 生性不活泼。口中含有咽齿，将螺蚌等食物吞咽之后，由形似卵石的咽齿研碎后吐壳吃肉。主要以螺蛳、蚌、蚬、蛤等软体动物为食，所以也有“螺蛳青”的别称，偶尔也捕食虾及昆虫幼虫。

○ **校园分布** 南京各有水域的校园均有分布，常见。

▼ 陈江源 摄

• 记录时间：

• 记录地点：

草鱼

Ctenopharyngodon idella

鲤形目 Cypriniformes

鲤科 Cyprinidae

无危 LC

○ **形态特征** 躯干修长，呈圆筒形，尾部侧扁，腹部圆。头部稍扁，口呈弧形，背部青灰且略带草绿，鱼鳞边缘黑色，酷似网纹。

○ **生　　境** 栖息于平原地区的江河湖泊，一般喜欢居住在水的中下层和近岸多水草区域。

○ **生态习性** 常成群活动，生性活泼，游泳速度快。杂食偏植食性，幼年时以水生昆虫和各类植物为食，成年时基本上以各类植物为食，会摄食沿岸的禾草。因此，在唐朝末年广东一带，有将荒田筑梗，以雨水灌溉，放养草鱼一两年以清除野草，使荒地变为熟田的记载。

○ **校园分布** 南京各有水域的校园均有分布，常见。

▼ 陈江源 摄

棒花鱼

Abbottina rivularis

鲤形目 Cypriniformes

鲤科 Cyprinidae

无危 LC

- 记录时间：
- 记录地点：

○ **形态特征** 口角有一对须，背鳍发达，且雄性个体的鳍条更长，呈弧形。鳍上有黄黑相间的斑纹，体侧和背部棕黄色，有黑色圆形的大斑点，周边伴有黑色的细密斑点，腹部白色。繁殖期间，雄性体色鲜艳，且脸部和胸鳍前缘会出现珠星；而雌性体色暗淡。

○ **生　　境** 底栖鱼类，主要栖息于河流、湖泊、沼泽等水体，喜欢栖息在静水沙石处。

○ **生态习性** 雄性在繁殖期间会拱动水底，将各种碎屑扫出洞穴，在巢内留下细沙，为鱼卵的孵化提供干净的环境。杂食性，主要摄食枝角类、桡足类和端足类等，也会摄食水生昆虫、水蚯蚓及植物碎屑等。

○ **校园分布** 南京各有水域的校园均有分布，常见。

▼ 张燕宁 摄

• 记录时间：

• 记录地点：

Pseudorasbora parva

鲤形目 Cypriniformes

鲤科 Cyprinidae

无危 LC

麦穗鱼

○ **形态特征**　体呈梭状，口角无须，体侧中间通常有一条纵贯眼睛、侧线一直到达尾部的黑色条纹，条纹以上为灰黑色，条纹以下为灰白色。在繁殖期间，雄鱼面部会出现珠星，全身变为灰黑色，此时条纹不明显。

○ **生　　境**　常生活在平缓的浅水区，为平地河川、湖泊及沟渠中常见的小型鱼类。

○ **生态习性**　常成群活动，耐寒性强，对水的酸碱度具有很强的适应性。幼鱼以轮虫为食，体长约 25 mm 时则以枝角类、摇蚊幼虫为食。

○ **校园分布**　南京各有水域的校园均有分布，常见。

▼ 居涛 摄

小黄黝(yǒu)鱼

Micropercops swinhonis

鲈形目 Perciformes

沙塘鳢科 Odontobutidae

无危 LC

- 记录时间：
- 记录地点：

○ **形态特征** 身体很小，口较大。背鳍有两个，体色为黄灰色，腹部黄，体侧有黑色横纹。一般不超过 4 cm，雄鱼体形一般比雌鱼要大，繁殖期间颜色更深，外形类似虾虎鱼。

○ **生　　境** 生活于河溪、池塘、湖沼浅水水域的中下层及水草丛中。

○ **生态习性** 底栖鱼类，常在静水流域的河床底部栖息，也会悬浮在水草当中。性情凶猛，偏肉食，主要以小鱼、小虾、水生昆虫为食。喜好捕食活物，通常会潜伏在草丛中，伺机捕食水生昆虫。

○ **校园分布** 南京各有水域的校园均有分布，常见。

◀陈浩骏 摄

◀陈浩骏 摄

子陵吻虾虎鱼

Rhinogobius giurinus

鲈形目 Perciformes

虾虎鱼科 Gobiidae

无危 LC

- 记录时间：
- 记录地点：

○ **形态特征** 体较长，接近圆筒形，一般体长 5~10 cm。整体颜色呈黄棕色或浅褐色，体表有较多的条纹及斑点，背部及体侧有多块黑斑。背鳍两个，第一个背鳍无明显大斑。雌性颜色较淡。

○ **生　　境** 栖息于江河中下游，湖泊、水库、池沼沿岸的浅滩，或者在小沟、溪流的石砾间。

○ **生态习性** 常在水底游动，伺机掠食，肉食性，以小鱼、小虾、水生昆虫等为食，有同类相食的现象。

○ **校园分布** 南京各有水域的校园均有分布，常见。

张燕宁 摄

居涛 摄

青鳉 jiāng

Oryzias latipes

颌针鱼目 Beloniformes

大颌鳉科 Adrianichthyidae

无危 LC

- 记录时间：
- 记录地点：

○ **形态特征** 个体很小，体长形，体后端侧扁，眼大。背鳍位于身体后部，臀鳍呈长条形。体色浅绿，身体半透明，可以看见内脏轮廓及骨骼。下颌较上颌长，上、下颌均有小牙。

○ **生　　境** 生活在沟渠、稻田、池塘及江、河、湖泊、水库沿岸的水草当中。

○ **生态习性** 淡水小型中上层鱼类，卵生，常成群活动。杂食性，主要摄食桡足类、枝角类、蚊虫幼虫，也会吃蓝藻、绿藻、硅藻、植物碎屑等。

○ **校园分布** 南京各有水域的校园均有分布，常见。

▼ 张燕宁 摄

- 记录时间：
- 记录地点：

Gambusia affinis

鳉形目 Cyprinodontiformes

胎鳉科 Poeciliidae

食蚊鱼

○ **形态特征** 体长，略侧扁，外形类似青鳉。背缘浅弧形，腹部圆凸。头短宽，吻短，眼大，口小。体被覆圆鳞，无侧线。尾鳍圆形，体背灰黑，腹部白色，头背有一黑斑，沿背部及尾柄末端有黑色条纹，除腹鳍，其余各鳍均有小黑点。雄鱼臀鳍部分鳍条延长，转化为输精器；雌鱼腹部圆凸。

○ **生　　境** 生活在水库、湖泊、沼泽、稻田、水渠、洼地等各类静态水体中。

○ **生态习性** 外来入侵物种。卵胎生，常集群游于水表层，性活泼，行动敏捷。主要以水生无脊椎动物为食，幼鱼主要以轮虫、纤毛虫为食，成鱼摄食枝角类、桡足类、小球藻以及蚊子幼虫，也会吞食其他鱼的鱼卵，对本地物种数量造成很大的影响。

○ **校园分布** 南京各有水域的校园均有分布，常见。

▼ 张燕宁 摄

雄

▼ 张燕宁 摄

雌

遇见

四大家鱼的故事

我爸爱钓鱼，加上我又生长在吃淡水鱼的大省——湖北，所以我从小就很爱吃鱼。

小时候，能吃到的鱼的种类并不很丰富，除了我爸常钓到的鲫鱼，最常见的还是四大家鱼——青鱼、草鱼、鲢鱼、鳙鱼。

小时候的我分不清青鱼、草鱼和鲢鱼，唯独能一眼认出鳙鱼，也就是胖头鱼，因为胖头鱼的特征十分显著，那就是大大的、占到身体三分之一的头。鳙鱼一般仅以鱼头（带一点儿身体部分）出现，所以如果看到父母买回一个大大的鱼头，那准是鳙鱼的头。鳙鱼的头很大，足够做一道美味的菜，剁椒鱼头或者鱼头汤都是不错的选择。

吃鱼头也是很有讲究的，鱼头中最好吃的莫过于鱼脸肉和鱼嘴唇了。鱼脸肉位于眼睛的后下方，呈月牙形，非常鲜嫩，而且没有刺，一口吃进去，放心大胆地嚼，也不用担心被鱼刺卡了喉咙。

说到鱼刺卡喉咙，我小时候吃的鱼大部分都是有小刺的，所以从小父母教我吃鱼要小口吃、慢慢抿。我也深得精髓，吃鱼无数，印象中只卡过一次喉咙，导致我又喝醋又吃白饭的，最后抠喉咙，把吃下去的饭菜全部吐了出来。当然了，我父母教的这种处理方式是很不对的，大家如果遇到鱼刺卡喉咙，还是尽快去医院，让医生来拔刺吧！这样惨痛的经历也并没有让我“一朝被蛇咬，十年怕井绳”，我照样爱吃鱼，而且后来也没有再被鱼刺卡过。

不过父母疼爱我，经常把只有大刺的鱼肚子肉留给我，我也欣然接受，不仅因为肚子上的肉刺少，还因为肚子上的肉更嫩。

说回到胖头鱼，头大嘴也大，且鱼嘴上有滑嫩的肉，还不用担心有没刮干净的鱼鳞。

爸爸因为相信吃鱼眼睛对视力好，吃鱼脑髓对脑子好，让我吃了不少鱼眼睛和鱼脑髓。鱼眼睛外层包裹着一点儿肌肉和像果冻一样的东西，最里面是一个很难咬动的硬邦邦的白色小球，味道很复杂。鱼脑髓倒是不难吃，口感像果冻，一吸一抿，就下了肚。长大之后学了动物学，解剖过鱼才知道，原来鳙的脑只占一点点空间，那大部分的鱼脑髓其实是鳙头部的胶质，其主要营养还是在鱼肉本身，以形补形并没有科学依据。

鲢鱼，也叫“白鲢”，跟胖头鱼长得有点儿像，不过头小一些，身体白一些。鲢鱼也是我们家常吃的鱼，红烧鱼、糖醋鱼、豆腐炖鱼、西红柿炖鱼、老黄瓜炖鱼，都是好吃又有营养的做法。

草鱼一般是在过年前才能见到的。印象中，爸爸有一次钓了几条好大的草鱼，连我们家最大的盆都盛不下，最后只能自己家留一条，其他都分给亲戚和邻居了。这么大的鱼一般不是现吃的，而是要做成腊鱼的，也就是晾干再腌制，还要再用烟熏一下。过年之前，家里的阳台除了挂香肠，还会挂上几条大鱼，很有过年的气氛。

腊鱼做好后，有很多种吃法，可以直接蒸一下吃，本身就很有味道了，不用放任何调料，也可以红烧或油炸。

除此之外，湖北还有非常有特色的鱼丸和鱼糕，大多也是用草鱼制成的。把鱼的主刺和大刺去掉，把鱼肉和剩下的小刺剁碎，然后做成圆形的鱼丸或者方形的鱼糕，无论是清蒸，还是做汤、炖火锅，都十分鲜美。

至于青鱼，我印象并不深刻，问过父亲才知道，我小时候青鱼并不常见，因为它生长得比草鱼慢，养它的人就少，价格也偏贵，所以在有这么多选择的情况下，青鱼也就不常吃了。

你可能会问，青鱼没有其他三种鱼常见，为什么能被评为“四大家鱼”呢？比青鱼更受欢迎的鲫鱼、鲤鱼为什么就没有入选呢？其实四大家鱼并不是按照受欢迎程度或者好吃程度来选的，四大家鱼其实是根据养殖模式选出来的。鲢鱼在水域中上层活动，吃浮游植物；鳙鱼在水域中上层活动，吃浮游动物；草鱼在水域中下层活动，吃水草；青鱼在水域底层活动，吃螺蛳等软体动物。由于它们习性不同，分别生活在不同的水域，所以可以被同时养在一个池塘里，提高池塘的利用率和养殖效益。不过，在养殖技术不断成熟、养殖品种不断更新的现在，有很多更好吃、刺更少、腥味更小的鱼逐渐取代了四大家鱼，而四大家鱼是在养殖技术还不那么发达的年代渔民智慧的象征，丰富了我们的餐桌，也成为我们美好的回忆。

第六节

无脊椎动物

无脊椎动物与脊索动物（或脊椎动物）不同，它们身体的纵轴不存在脊索或由脊椎骨组成的脊柱。其种类数占动物总种类数的 95%，是动物的原始形式。无脊椎动物多数体形小，但软体动物门头足纲大王乌贼属的动物体长可达 18 m，体重约 2 t。大多数无脊椎动物化石见于古生代寒武纪，当时已有节肢动物的三叶虫及腕足动物，但大多已灭绝。随后出现了古头类及古棘皮动物。在古生代末期，古老类型的生物大规模灭绝。中生代时出现大量软体动物现代属、种。

现存的无脊椎动物多出现于新生代。其中，节肢动物是动物界物种多样性最繁盛的类群，目前已命名的种类有 120 万种以上，占所有已知动物种数的 80% 以上。

南京校园里分布有种类众多的无脊椎动物，它们在生态系统中具有不可或缺的作用。本书收录了 77 种校园中较为常见的无脊椎动物，隶属 19 目 45 科。其中，克氏原螯虾为外来入侵物种。

疑步甲

Carabus elysii

鞘翅目 Coleoptera

步甲科 Carabidae

• 记录时间：

• 记录地点：

○ **形态特征** 体长 27~48 mm，宽 9~11 mm。成虫红绿相间或略带褐色，腹面及足黑色。前胸宽阔，后端收缩不明显，密布刻点，头部、前胸背板表面略具磨砂质感；鞘翅呈卵圆形，具 6 行水滴状黑色瘤突，瘤突列状分布，每列瘤突之间具较小的黑色点状突起；后翅退化。成虫鞘翅无法自由开合。雄虫前足跗节较宽。

○ **生　　境** 在绿化较多的生境中更为常见。校园中夜间可见，活动于土壤表层，有时会步行至路面捕食。

○ **生态习性** 成虫活跃于每年的 5—9 月，主要活动于土壤表层或落叶层之上。幼虫黑色，足发达，能够支撑它们在地面较快行走和搜寻猎物。主要以蜗牛等小型软体动物为食。成虫昼伏夜出，白天潜伏在枯枝落叶或草丛中，夜晚于林间草地行走。

○ **校园分布** 南京各大高校校园内均有分布。

▼ 高凡 摄

• 记录时间：

• 记录地点：

Calosoma maximoviczi

鞘翅目 Coleoptera

步甲科 Carabidae

大星步甲

○ **形态特征** 大型步甲，成虫体长 20~35 mm。体黑色，鞘翅具光泽。下颚须端节与亚端节近于相等。前胸背板侧缘弧形，缘毛一根，在中部偏后。基凹浅，刻点较密且常由沟相连，沟间隆起成皱。鞘翅宽阔，较为平坦，足细长，雄虫中足胫节较雌虫稍弯曲，前跗节基部 3 节膨大，腹面有毛垫。

○ **生　　境** 常见于落叶层、草丛、树干表面，夜间可见于路面等开阔地。

○ **生态习性** 成虫多见于夏季，主要在晚间进行捕食活动。幼虫在土中制作蛹室化蛹，成虫羽化后在其中越冬。肉食性。成虫、幼虫均为捕食性，捕食其他小昆虫。

○ **校园分布** 南京各校园均有分布，易见。

▼ 苏圣博 摄

中华大锹甲 qiāo

Dorcus hopei

鞘翅目 Coleoptera

锹甲科 Lucanidae

- 记录时间：
- 记录地点：

○ **形态特征** 大型锹甲。成虫具典型的雌雄二型。雄性成虫体长为 25~77.6 mm，身体粗壮，体黑色。雄虫上颚发达，长度为头部长度的 1~1.5 倍。雄虫上颚从中部约 1/2 处向内弯曲呈弧形，内侧光滑，无任何小齿结构。上颚中部具 1 枚明显、发达的基齿，并总是略微指向上颚前端；有时会与上颚的弧度形状重叠，形成“叠齿”的现象。雄虫唇基不发达，中间明显向内凹陷呈半圆形，两端略微隆起，但仅为较圆润的圆形且高度总是低于上颚基部。雌性成虫体长为 26~45.6 mm，往往小于雄性成虫。雌虫上颚长度较短，约与头部等长，或略微短于头部。雌虫上颚形状较直，内侧靠近上颚端部 1/3 处

▼ 黄悦 摄

具 1 枚明显的基齿；唇基较窄，为梯形。雌虫头部表面质地较粗糙，前胸背板呈半圆形，表面光滑，但在两侧接近外缘处具密集的刻点状凹坑。雌虫鞘翅表面沿鞘翅中缝至两侧具明显、清晰的纵向刻点状沟纹，且沟纹较深。

○ **生　　境**　成虫主要的栖息环境为壳斗科植物上或柳树的树缝中。

○ **生态习性**　成虫一般活跃于每年的 5—8 月。成虫白天主要躲藏于树缝中休息，夜晚会从中爬出，取食树木伤口处的汁液作为食物。成虫身体宽厚，飞行能力略低于扁锹甲，但具有一定的趋光性。幼虫具有一定的领地意识，在朽木中会靠摩擦腿部较粗糙的部位来识别对方所在的进食区域。以成虫或幼虫形态越冬，且在一处栖息地内可发现处于各发育阶段的虫态。幼虫所偏好的朽木多以壳斗科朽木为主，且幼虫基本以被真菌分解过的朽木为食。成虫取食树的汁液。

○ **校园分布**　南京各校园均有分布，常见。

▼ 黄悦　摄

扁锹甲

qiāo

Serrognathus titanus

鞘翅目 Coleoptera

锹甲科 Lucanidae

- 记录时间：
- 记录地点：

○ **形态特征** 大型锹甲。成虫具有典型的雌雄两型。雄性成虫体长为 23~87 mm，身体宽而扁，黑色，略具光泽。雄虫上颚高度发达，为头部的 1.5~2 倍。雄虫上颚内侧基部约 1/3 处具明显较大的三角形基齿；上颚内侧至上颚端部下端着数枚明显连续的锯齿状内齿；上颚端齿尖锐，呈较小三角形。雄虫头部唇基分叉，两侧各呈明显的梯形或四边形。前胸背板较宽，呈长方形；后端外缘部分具明显的内切角。雄虫头部、前胸背板表面质地粗糙，具明显的小刻点状凹坑。雄虫鞘翅表面光滑，黑色；足胫节末端具明显的黄色鳞毛。雌性成虫体长 20~45 mm，往往小于雄性成虫。雌虫上颚弯曲呈弧状，长度总是略

▼ 黄悦 摄

短于头部；上颚内侧基部具 1 枚发达的基齿。前胸背板表面光滑，形状略呈半圆形。雌虫鞘翅表面光滑，但可见清晰、较浅的纵向小刻点状沟纹。雌虫前胸足胫节表面刺突较发达，胫节末端具明显的黄色鳞毛。

○ **生　　境**　成虫常见于柳树树缝或较高的树冠处。

○ **生态习性**　成虫活跃于每年的 5—9 月，多栖息于较粗大壳斗科植物上或柳树的树缝中。成虫昼伏夜出，有一定的趋光性，会在夜晚飞行于林间，寻找树木伤口处的汁液作为食物。生活周期多为 1 年 1 代。幼虫主要栖息于较粗大的朽木中。成虫具有越冬性，寿命为 5 个月至 1.5 年不等。植食性，幼虫多以较粗大的朽木为食。

○ **校园分布**　南京各校园均有分布，常见。

▼ 高凡 摄

黄粉鹿角花金龟

Dicronocephalus wallichii

鞘翅目 Coleoptera

花金龟科 Cetoniidae

- 记录时间：
- 记录地点：

○ **形态特征**　中型花金龟，成虫体长 18~25 mm。体表覆盖一层明显的较短黄色鳞毛。雄虫头部头角发达，两侧弯起呈弹弓状；触角末端鳃片状，一般合拢呈椭球形。成虫前胸背板前端两侧各具 1 条黑色纵向条纹。雄虫前足发达，跗节修长，爪尖膨大；中、后足跗节黄黑相间。

○ **生　　境**　常生活在较高的壳斗科植物树冠或树枝处。

○ **生态习性**　成虫一般集中出现于每年的 6—7 月。雄虫较为好斗，当受到威胁时，会高举前足，并用头角攻击对手。植食性。成虫访花，幼虫则以落叶等为食。

○ **校园分布**　南京各校园均有分布，常见。

▼ 苏圣博　摄

- 记录时间：
- 记录地点：

Protaetia (Calopotosia) orientalis

鞘翅目 Coleoptera

花金龟科 Cetoniidae

东方艳星花金龟

○ **形态特征** 中小型花金龟，成虫体长 17~24 mm。身体略呈卵形，表面较光滑，体光亮，体色多变，多为古铜色、青绿色、紫红色。头部窄小，头前端呈铲状，前缘折翘，中间略微向内凹陷。触角鳃片状，平时多收缩呈棒状。前胸背板呈梯形，具少量不规则白色或黄色斑点。小盾片发达，前端略呈弧形；鞘翅表面光滑，密布小刻点，具数枚明显的黄色或白色斑点。跗节短粗，爪尖较小呈钩状。

○ **生　　境** 常出现在树木流汁处，有时访花。

○ **生态习性** 成虫活跃于 5—8 月，在白天较为活跃，善于在林间飞舞。植食性。成虫取食树木汁液和花蜜，幼虫以腐殖质为食。

○ **校园分布** 南京各校园均有分布，常见。

▼ 黄悦 摄

华北大黑鳃金龟

Holotrichia oblita

鞘翅目 Coleoptera

鳃金龟科 Melolonthidae

• 记录时间：

• 记录地点：

○ **形态特征** 成虫体长 17~22 mm，体黑色，具光泽。唇基前缘凹陷，前胸背板密布小刻点，胸、腹部有绒毛。鞘翅具纵向刻纹。

○ **生　　境** 常见于植物表面，夜晚常见于路面等开阔地。

○ **生态习性** 活跃于 3—9 月，夜行性，具趋光性。遇到危险会假死。植食性。成虫取食杨树、柳树、榆树、桑树、核桃树、苹果树、刺槐树、栎树等多种树木的叶片，幼虫取食阔叶树、针叶树根部及幼苗。

○ **校园分布** 南京各校园均有分布，常见。

▼ 黄悦 摄

- 记录时间：
- 记录地点：

Adoretus sinicus

鞘翅目 Coleoptera

丽金龟科 Rutelidae

中喙（huì）丽金龟

○ **形态特征** 体长约 10 mm，体褐色，体表被覆短粗毛，鞘翅具成列的褐白相间的斑纹。头部横宽；足粗短，前足胫节具 3 齿，前足爪较大，端部分叉。

○ **生　　境** 常见于植物叶片上，夜晚可见于路面等开阔地带。

○ **生态习性** 成虫活跃于 7—9 月，常聚集出现。夜行性，具有趋光性，常见于夜晚。植食性。成虫取食多种植物的叶片。

○ **校园分布** 南京各校园均有分布，常见。

▼ 黄悦 摄

双叉犀金龟

Allomyrina dichotoma

鞘翅目 Coleoptera

金龟科 Scarabaeidae

- 记录时间：
- 记录地点：

○ **形态特征** 大型犀金龟。成虫具典型的雌雄二型。雄性成虫体长为48~85.6 mm；身体强壮，呈黑色、褐色或红色。大型或中型雄虫头部前端具极发达的头角。头角前端呈分叉状，两侧各具月牙形突起状小角。雄虫头部复眼较大，触角末端呈棒状，打开时略呈扇形。雄虫前胸背板中央区域具1枚分叉状胸角，其长度总是短于头角。雄虫前胸背板质地略粗糙，表面具密集小刻点状凹坑。雄虫鞘翅宽大，表面覆有一层不明显的短毛，鞘翅末端具明显的刻点。雄虫足发达强壮，胫节表面具发达的刺突，跗节粗大有力，爪能够牢牢抓握住树干。雌性成虫体长约为50 mm，略呈卵状，体呈黑色或褐色。雌虫头部无发达

▼ 张燕宁 摄

雄

的头角结构，但具 3 个短小的突起。雌虫前胸背板中央无任何角突，但具明显的分叉状凹坑，且雌虫前胸背板质感相比于雄虫更粗糙。雌虫鞘翅光滑圆润，表面具较明显的黄色短毛。鞘翅末端无明显收缩，具显著的点状隆起。雌虫足不如雄虫发达，但前足胫节与后足胫节末端相比于雄虫更加膨大有力，便于挖掘、产卵。

○ **生　　境**　成虫多栖息于较高树木的树干或树冠处，幼虫多生活在腐烂的树桩中。

○ **生态习性**　成虫活跃于每年的 5—8 月，植食性。成虫取食树木伤口处的汁液，幼虫食性较为广泛，多以腐殖质和牛粪为食。

○ **校园分布**　南京各校园均有分布，少见。

▼ 王瑞阳 摄

异色瓢虫

Harmonia axyridis

鞘翅目 Coleoptera

瓢虫科 Coccinellidae

- 记录时间：
- 记录地点：

○ **形态特征** 成虫体长 5.4~8 mm，宽 3.8~5.2 mm。虫体卵圆形，呈半球形拱起，背面光滑油亮，前胸背板和鞘翅颜色及斑纹变化极大，底色与斑纹颜色可在红色、黑色、黄色间自由组合配对，斑点数量也可在无斑至数十颗间变化。幼虫足发达，体表密布棘刺，体色深黑，身体中段具橙色花纹。

○ **生　　境** 夏季常见于植物叶片上，冬季常见于墙角、窗缝、岩缝、树皮下等防风干燥且温暖的地方。

○ **生态习性** 一般以成虫状态越冬，有明显的群聚现象。肉食性。成虫与幼虫均以蚜虫等小昆虫为食，也是重要的天敌昆虫之一，可被应用于生物防治。

○ **校园分布** 南京各校园均有分布，常见。

▼ 黄悦 摄

云斑白条天牛

Batocera lineolata

鞘翅目 Coleoptera

天牛科 Cerambycidae

- 记录时间：
- 记录地点：

○ **形态特征** 大型甲虫，体长可达 7 cm（不含触角）。身体底色为深褐色至黑色，被覆灰白色或灰褐色绒毛。触角超过体长。前胸背板中央有一对肾形的由微毛形成的色斑，呈白色至浅黄色，两侧具刺突。鞘翅上具不规则的白色或浅黄色的云状斑纹，纵向排列。斑纹颜色、数量、大小不完全稳定。鞘翅基部密布大小不等的颗粒状凸起。身体两侧各具一条白色或浅黄色带，由复眼后方至腹部末节。

○ **生　　境** 成虫可见于林地树干上，幼虫可见于寄主树木树干内。

○ **生态习性** 夏季夜晚，林地可见许多成虫在进行求偶、交配。交配后，雌虫会咬开树皮产卵，幼虫以树的木质部和韧皮部为食，幼虫期为 2—3 年。寄主植物广泛，包括杨树、柳树、榆树、苹果树、梨树等经济树种，尤其喜爱柳树，成虫取食树汁。

○ **校园分布** 南京各校园均有分布，常见。

▼ 高凡 摄

红珠凤蝶

Pachliopta aristolochiae

鳞翅目 Lepidoptera

凤蝶科 Papilionidae

- 记录时间：
- 记录地点：

○ **形态特征** 翅展 70~90 mm，具尾突。体背、腹面红色。雄蝶翅背面黑色，前翅脉纹两侧棕褐色，翅基部和外缘黑色。后翅中室外侧具 4 个白斑，亚外缘具灰红色斑。腹面前翅色淡，后翅 7 个红斑鲜艳醒目，臀褶内无香鳞。雌蝶斑纹同雄蝶，但色略淡。

○ **生　　境** 可见于校园景观花卉处。

○ **生态习性** 1 年多代，成虫多见于 5—8 月，成虫飞行缓慢，喜在红色花上停留，水边常见雄蝶吸水。卵圆形，表面覆有橙红色颗粒物。幼虫寄主为马兜铃等植物。以蛹越冬。有天敌不喜欢的异味，玉带凤蝶雌蝶会模仿它身体上的图纹以躲避天敌。

○ **校园分布** 南京长江以南各大高校校园内均有分布，但不甚稳定；近年来，南京长江以北各大高校也有少量记录。

▼ 张松奎 摄

- 记录时间：
- 记录地点：

灰绒麝(shè)凤蝶

Byasa mencius

鳞翅目 Lepidoptera

凤蝶科 Papilionidae

○ **形态特征** 翅展 65~75 mm。体背黑色，两侧具红色绒毛；翅黑褐色或棕褐色，脉纹两侧灰色。后翅外缘波状，尾突窄长，外缘区有月牙形红色斑 4 个，内缘褶内灰色。翅背面与腹面相似，但后翅端部边缘有 6 个或 7 个红斑。

○ **生　　境** 可见于林间空地或开阔的草地、花圃。

○ **生态习性** 一年约 2 代，卵呈圆球形，顶部略尖。以蛹越冬。成虫飞行缓慢，幼虫寄主为马兜铃等植物。

○ **校园分布** 南京各校园均有分布，常见。

▼ 张松奎 摄

柑橘凤蝶

Papilio xuthus

鳞翅目 Lepidoptera

凤蝶科 Papilionidae

- 记录时间：
- 记录地点：

○ **形态特征** 翅展 70~90mm，具尾突。雄蝶前翅中室具 4 条放射状纵线，后翅中室内无斑纹，前缘具 1 个明显的黑色性标，宽黑带上具蓝色鳞形成的斑，臀角有个弦月状的橙黄色斑。雌蝶斑纹同雄蝶，翅色略偏黄，背面前缘至基部具淡褐色斑。

○ **生　　境** 可见于林间空地或开阔的草地、花圃。

○ **生态习性** 1 年多代，成虫多见于 3—10 月。盛夏的溪流边，常见成虫边吸水边排尿的情景。卵圆形，呈黄色，表面有少量褐色斑纹。以蛹越冬。幼虫寄主为芸香科植物。

○ **校园分布** 南京各校园均有分布，常见。

▼ 黄悦 摄

- 记录时间：
- 记录地点：

Papilio bianor

鳞翅目 Lepidoptera

凤蝶科 Papilionidae

碧凤蝶

- **形态特征** 翅展 90~100 mm，具尾突。雄蝶前翅外缘中域蓝绿色带变异大，中室后方各室有横生的毛状性标。后翅背面亚外缘有红色弦月纹，蓝绿色鳞片在亚外缘被黑色隔开，尾突外缘无蓝绿色鳞片。
- **生　　境** 可见于林间空地或开阔的草地、花圃。
- **生态习性** 1 年多代，成虫多见于 3—11 月。卵圆形，呈淡绿色至淡黄色。幼虫低龄的时候，拟态鸟粪以躲避天敌；三四龄以后，整体呈绿色，胸部膨大，两边有一对眼状斑纹，遇到危险时，头后会有臭角伸出，散发出难闻的味道以驱赶敌害。以蛹越冬。幼虫寄主为芸香科植物。
- **校园分布** 南京各校园均有分布，常见。

▼ 张松奎 摄

青凤蝶

Graphium sarpedon

鳞翅目 Lepidoptera

凤蝶科 Papilionidae

• 记录时间：

• 记录地点：

○ **形态特征** 翅展 50~60 mm。雄蝶翅背面黑褐色，中域贯穿 1 列蓝绿色的半透明的带状斑纹，贯穿前后翅。后翅后缘布有灰白色毛状性标。腹面褐色，后翅有数条红斑。雌蝶斑纹同雄蝶，但色泽略浅。

○ **生　　境** 可见于林间空地或开阔的草地、花圃。

○ **生态习性** 1 年 2 代，成虫多见于 4—10 月，雄蝶喜吸水，雌蝶爱访红色、黄色的花。卵圆形，呈淡绿色或淡黄色，表面光滑。幼虫寄主为樟树等植物。以蛹越冬。

○ **校园分布** 南京各校园均有分布，常见。

▼ 高凡 摄

- 记录时间：
- 记录地点：

玉带凤蝶

Papilio polytes

鳞翅目 Lepidoptera

凤蝶科 Papilionidae

○ **形态特征** 翅展 75~85 mm。雌雄异形，具尾突。雄蝶翅黑色，前翅外缘和后翅中域具 1 条白斑。雌蝶多型，前翅黑色，外缘无白斑。后翅亚外缘具 1 条新月形红斑，中室外侧具几个白斑，靠近臀角的区域具 2 个红斑。

○ **生　　境** 可见于林间空地或开阔的草地、花圃。

○ **生态习性** 1 年多代，成虫多见于 3—11 月。雌蝶（红珠型）模拟红珠凤蝶，拟态型的雌蝶比另一型雌蝶更容易躲过天敌的攻击。卵圆形，表面光洁，呈黄色。以蛹越冬。幼虫寄主为芸香科植物。

○ **校园分布** 南京各校园均有分布，常见。

▼ 黄悦 摄

丝带凤蝶

Sericinus montelus

鳞翅目 Lepidoptera

凤蝶科 Papilionidae

- 记录时间：
- 记录地点：

○ **形态特征** 翅展 42~70 mm。雌雄异形，具飘带状尾突。雄蝶翅淡黄色，有黑色斑纹。后翅前缘中段至臀角有弧形黑带，黑带上具红色斑条。雌蝶翅面上黑褐色斑纹几乎布满，后翅具带状红斑，红斑外具模糊的蓝色斑。

○ **生　　境** 可见于有马兜铃生长的绿地附近。

○ **生态习性** 1 年多代，成虫多见于 4—10 月。卵扁圆形，呈淡黄色，表面光滑。幼虫寄主为马兜铃等植物。以蛹越冬。滞育蛹羽化成虫的翅展和尾突的长度小于非滞育蛹羽化的成虫，这表明该种成虫季节多型是与滞育相关的。

○ **校园分布** 南京有马兜铃植株的校园均有分布，较常见。

张松奎 摄

苏圣博 摄

- 记录时间：
- 记录地点：

Colias poliographus

鳞翅目 Lepidoptera

粉蝶科 Pieridae

东亚豆粉蝶

○ **形态特征** 翅展 48~52 mm。雄蝶翅背面黄绿色，缘毛桃红色。前翅外缘宽的黑边中具几个黄色斑，中室端部具 1 个黑斑。后翅臀缘外侧具黑色鳞片，外缘的黑色斑多连接成列。雌蝶翅色淡。

○ **生　　境** 可见于林间空地或开阔的草地、花圃。

○ **生态习性** 成虫多见于 4—10 月。卵纺锤形，初产时白色，随发育有乳黄色、橙黄色、橙红色、银白色之变化。翅的颜色和斑纹会随季节发生变化。幼虫寄主为豆科苜蓿、大豆、野豌豆等植物。

○ **校园分布** 南京各校园均有分布，常见。

▼ 戴云飞 摄

宽边黄粉蝶

Eurema hecabe

鳞翅目 Lepidoptera

粉蝶科 Pieridae

- 记录时间：
- 记录地点：

○ **形态特征** 翅展 35~51 mm，触角短。翅深黄色到黄白色。前翅前缘黑色，外缘有宽的黑色带从前缘直到后角，其内侧在 M3 脉与 Cu1 脉处向外呈指状凹入。雄蝶色深，中室下脉两侧有长形性斑。后翅外缘黑带窄而界限模糊，或仅有脉端斑点。前翅反面满布褐色小点，前翅中室内有 2 个斑，中室的端脉上有 1 个肾形斑。后翅反面有分散的小点，中室端有 1 枚肾形纹，外缘呈不规则圆弧形。

○ **生　　境** 可见于林间空地或开阔的草地、花圃。

○ **生态习性** 1 年多代，成虫多见于 3—11 月。卵近纺锤形，乳白色，表面具纵脊或横纹。幼虫寄主为含羞草科、大戟科、苏木科、金丝桃科、鼠李科、蝶形花科的植物。

○ **校园分布** 南京各校园均有分布，常见。

▼ 黄悦 摄

- 记录时间：
- 记录地点：

菜粉蝶

Pieris rapae

鳞翅目 Lepidoptera

粉蝶科 Pieridae

○ **形态特征** 翅展 45~48 mm。雄蝶前翅背面粉白色，近基部有少量黑鳞片，顶角具 1 个三角形大黑斑，中室外侧具 2 条并列的黑斑。后翅前缘具 1 个小黑斑。雌蝶斑纹排列同雄蝶，但前翅背面中室和后翅腹面灰黄色较深。

○ **生　　境** 可见于林间空地或开阔的草地、花圃。

○ **生态习性** 1 年多代，成虫多见于 2—10 月。雄蝶有领域行为。有明显的季节和个体变异。卵纺锤形，初产时呈淡黄白色，发育后变为橙黄色。以蛹越冬。幼虫寄主为十字花科植物。

○ **校园分布** 南京各校园均有分布，常见。

▼ 张松奎 摄

黑纹粉蝶

Pieris melete

鳞翅目 Lepidoptera

粉蝶科 Pieridae

- 记录时间：
- 记录地点：

○ **形态特征** 翅展 46~56 mm，和菜粉蝶相似。雄蝶翅白色，脉纹黑色。前翅脉纹、顶角及后缘均为黑色，近外缘的 2 个黑斑较大，且下面的 1 个黑斑与后缘的黑带连接；后翅前缘外具黑色圆斑 1 个。翅背面的前翅顶角和后翅有黄色鳞粉，后翅基角处有橙黄色斑点 1 个。雌蝶翅基部浅黑褐色，色斑和后边末端条纹粗大，其他与雄蝶相同。该种分春型和夏型。春型个体稍小，翅略细长，体色较深；夏型个体较大，体色稍浅且脉纹明显。

○ **生　　境** 可见于林间空地或开阔的草地、花圃。

○ **生态习性** 1 年多代，成虫多见于 2—10 月。雄蝶有领域行为。卵呈瓶状，初产时呈淡黄白色，发育后变为橙黄色。以蛹在菜园附近的篱笆、屋墙、树干等处越冬。幼虫寄主为十字花科植物。

○ **校园分布** 南京各校园均有分布，常见。

▼ 黄悦 摄

- 记录时间：
- 记录地点：

Ypthima argus

鳞翅目 Lepidoptera

蛱蝶科 Nymphalidae

阿矍（jué）眼蝶

○ **形态特征** 翅展 40~42 mm。雄蝶翅背面深褐色，前翅近顶角处具 1 个黄色外框的大眼斑，后翅近臀角处具 2 个小眼斑。翅腹面淡褐色，且布满褐色细纹，后翅外侧具 6 个眼斑。

○ **生　　境** 可见于林间空地、花圃。

○ **生态习性** 1 年多代，成虫多见于 4—9 月。卵圆形，呈淡蓝绿色，表面具细小刻纹。多在林下活动，呈跳跃状飞行。幼虫寄主为禾本科植物。

○ **校园分布** 南京各校园均有分布，常见。

▼ 张松奎 摄

朴喙[hui]蝶

Libythea lepita

鳞翅目 Lepidoptera

蛱蝶科 Nymphalidae

- 记录时间：
- 记录地点：

○ **形态特征**　是一种具有独特形态特征的蝴蝶。下唇须特别发达，长度约为头部的 2 倍，突出在头前方呈喙状，这是其得名“喙蝶”的原因。朴喙蝶的翅色为黑褐色，前翅近顶角处有 3 个小白斑，中室内有 1 个钩状红褐斑，与外侧的圆形红褐斑相接；后翅中部有 1 条红褐色横带，后翅腹面灰褐色，中室有 1 个小黑点。

○ **生　　境**　可见于林间空地。

○ **生态习性**　幼虫的寄主植物是朴树；成虫则喜欢在光照较好的林区路上活动，尤喜在地面吸水。通常春季较少出现，夏季和秋季出现较多。以成虫形态越冬，次年春天再次活动，夏季新一代的幼虫大量羽化，使得在夏季和秋季可以看到成百上千只朴喙蝶飞舞的壮观景象。

○ **校园分布**　南京各校园均有分布，常见。

▼ 王瑞阳 摄

- 记录时间：
- 记录地点：

斐豹蛱蝶

Argyreus hyperbius

鳞翅目 Lepidoptera

蛱蝶科 Nymphalidae

○ **形态特征** 雌雄异型。雄蝶翅橙黄色，后翅外缘黑色且具蓝白色细弧纹，翅面布满黑色斑点；雌蝶个体较大，前翅端一半紫黑色，其中有1条白色斜带，其余与雄蝶相似。前翅腹面顶角暗绿色且有小斑；后翅斑纹暗绿色，外缘内侧有5个银白色小点，围有绿色环，基部有3个围有黑边的圆斑，中室内有1个白点，另有数条不规则纹。

○ **生　　境** 可见于林间空地、花圃。

○ **生态习性** 1年多代，成虫喜好在开阔的草地及林缘活动，喜访花，飞行速度快。幼虫寄主为堇菜科植物，以蛹越冬。卵黄色，呈圆锥状，顶端不平整，表面有纵向刻纹。

○ **校园分布** 南京各校园均有分布，常见。

高凡 摄

雄

张松奎 摄

雌

黄钩蛱蝶

Polygonia c-aureum

鳞翅目 Lepidoptera

蛱蝶科 Nymphalidae

- 记录时间：
- 记录地点：

○ **形态特征**　翅展 45~50 mm。翅背面橙褐色，前后翅外缘有齿状突。前翅中室具 3 个黑斑，中室端具 1 个长方形黑斑，外侧具黑斑数枚。后翅腹面有“L”形银色纹，秋型尤为醒目。

○ **生　　境**　可见于林间空地或开阔的草地、花圃。

○ **生态习性**　成虫常年可见，常停留在树上取食汁液，翅腹面模拟枯叶颜色，随季节而变化。卵长圆形，呈绿色，表面具纵脊纹。成虫越冬，冬季阳光合适的时候，成虫也会出来活动、晒太阳。幼虫寄主为桑科葎草。

○ **校园分布**　南京各校园均有分布，常见。

▼ 高凡 摄

- 记录时间：

- 记录地点：

Vanessa indica

鳞翅目 Lepidoptera

蛱蝶科 Nymphalidae

大红蛱蝶

○ **形态特征** 翅展 54~65 mm。翅背面黑褐色、红色相间，外缘波状。前翅顶角突出，下方斜列 4 个白斑，中域具 1 大块红色宽横带，内具 3 个黑斑。后翅外缘红色，内具 4 个黑色斑。翅腹面具褐色云状斑纹。

○ **生　　境** 可见于林间空地或开阔的草地、花圃。

○ **生态习性** 成虫多见于 3—10 月。卵长圆形，呈绿色，表面具纵脊纹。成虫越冬，冬季阳光合适的时候，成虫也会出来活动、晒太阳。幼虫寄主为荨麻科植物。

○ **校园分布** 南京各校园均有分布，常见。

▼ 黄悦 摄

中环蛱蝶

Neptis hylas

鳞翅目 Lepidoptera

蛱蝶科 Nymphalidae

- 记录时间：
- 记录地点：

○ **形态特征** 翅展 40~50 mm。体背面黑色，腹面苍黄色，触角顶端黄色。翅背面黑褐色，斑纹白色，外缘波状并有白色缘毛；翅展开时，显示 3 条由大小斑纹组成且两翅相连的白色带。前翅中室内有 1 条纵带，其前方有 1 个箭头状斑纹。翅腹面呈黄色或黄褐色，斑纹清晰，白斑边缘有明显的黑线围绕。

○ **生　　境** 可见于林间空地或开阔的草地、花圃。

○ **生态习性** 1 年多代，成虫多见于 4—10 月。起飞前振翅，然后悠闲地在离地不高处滑翔或在林中阳光处冲来冲去。在潮湿的石砾地吸水时，平展双翅；休息时则关合双翅。幼虫寄主为豆科、榆科、椴树科植物。

○ **校园分布** 南京各校园均有分布，常见。

▼ 张华 摄

- 记录时间：
- 记录地点：

Neptis sappho

鳞翅目 Lepidoptera

蛱蝶科 Nymphalidae

小环蛱蝶

○ **形态特征** 翅展 40~50 mm。翅背面黑色，斑纹白色。前翅中室白条近端部被暗色线切断。翅腹面棕红色。后翅内中域有 1 条左右等宽的白色横带。雄蝶前翅腹面后缘及后翅背面前缘有性标。

○ **生　　境** 可见于林间空地或开阔的草地、花圃。

○ **生态习性** 1 年多代，成虫多见于 4—10 月。喜欢在有阳光的地方访花，飞行缓慢，喜滑翔。卵圆形，呈淡绿色，表面布满六边形凹刻和白色细毛。幼虫寄主为豆科植物。

○ **校园分布** 南京各校园均有分布，常见。

▼ 张松奎 摄

琉璃蛱蝶

Kaniska canace

鳞翅目 Lepidoptera

蛱蝶科 Nymphalidae

- 记录时间：
- 记录地点：

○ **形态特征** 翅展 55~70 mm。翅背面黑褐色，前翅顶角突出并有 1 个白斑；具 1 条淡水蓝色带状斑纹，贯穿前翅、后翅，在前翅呈“Y”状；翅腹面斑纹杂乱，以黑褐色为主，下翅中央有 1 个小白点。雌雄差异不明显。

○ **生　　境** 可见于林间空地、花圃。

○ **生态习性** 除冬季，成虫生活在低、中海拔山区。雄蝶具领域性，取食树液、腐败水果、动物粪便及花蜜。幼虫灰黑色，体表具淡黄色枝刺，枝刺基部附近为橙色，取食菝葜科植物。蛹暗褐色，各节有橙色的棘状突起，端部呈牛角状，样子像垂挂在树上卷曲的枯叶。

○ **校园分布** 南京各校园均有分布，常见。

▼ 黄悦 摄

柳紫闪蛱蝶

- 记录时间：
- 记录地点：

Apatura ilia

鳞翅目 Lepidoptera

蛱蝶科 Nymphalidae

○ **形态特征**　翅展 52~60 mm。雄蝶翅背面褐黑色，前后翅有随光线而变幻的蓝紫色闪光。前翅分布多个白斑，中室内具 4 个黑点。外缘内侧具 1 个围有棕色外框的蓝紫眼斑。后翅中域具 1 条白色斑带。雌蝶翅无闪光，体形略大于雄蝶。

○ **生　　境**　可见于水边柳树处及花圃中。

○ **生态习性**　1 年多代，成虫多见于 5—9 月。雄蝶有较强的领地性，飞行迅速，常停留在树液处取食。卵黄绿色，表面具明显的纵脊纹。以幼虫越冬，幼虫寄主为杨柳科植物。

○ **校园分布**　南京各校园均有分布，常见。

张华　摄

黑脉蛱蝶

Hestina assimilis

鳞翅目 Lepidoptera

蛱蝶科 Nymphalidae

- 记录时间：
- 记录地点：

○ **形态特征** 翅展 70~93 mm。翅背面黑色，布满青白色斑纹。后翅亚外缘后半部具 4 个红斑，有些红斑内具黑点。翅腹面与背面斑纹相似，但翅色较浅。有深色型、淡色型、中间型。

○ **生　　境** 可见于林间空地或开阔的草地、花圃。

○ **生态习性** 成虫多见于 5—9 月。卵圆形，呈绿色，表面具许多纵脊纹。以幼虫越冬，幼虫寄主为朴树等榆科植物。

○ **校园分布** 南京各校园均有分布，常见。

▼ 张松奎 摄

• 记录时间：

• 记录地点：

Timelaea maculata

鳞翅目 Lepidoptera

蛱蝶科 Nymphalidae

猫蛱蝶

○ **形态特征** 翅展 62~65 mm。雄蝶前翅背面黄色，布满形状不同的黑色斑点，翅腹面前缘顶角区有淡色斑。后翅腹面除外缘为黄色带，翅面均为白色、浅黄色。雌蝶前翅外缘弧度比雄蝶大。

○ **生　　境** 可见于林间空地或开阔的草地、花圃。

○ **生态习性** 1 年 1 代，成虫多见于 5—9 月。栖息于低矮山地，常停靠叶下或在树上吸食汁液。卵圆形，表面具纵脊纹，呈白色，发育后显现淡橙黄色斑点。幼虫越冬，幼虫寄主为朴树等榆科植物。

○ **校园分布** 南京各校园均有分布，常见。

▼ 黄悦 摄

亮灰蝶

Lampides boeticus

鳞翅目 Lepidoptera

灰蝶科 Lycaenidae

- 记录时间：
- 记录地点：

○ **形态特征** 翅展 24~28 mm，具尾突。雄蝶翅背面蓝紫色，仅外缘有细黑边，后翅具尾突，近臀角处具 1 个黑点。翅腹面浅灰褐色，前后翅有许多白色、褐色细线带组成的斑纹，后翅亚外缘有 1 条黄白色宽带，臀角处具 2 个黑斑。雌蝶后翅背面亚外缘白斑带较雄蝶明显。

○ **生　　境** 可见于林间空地或开阔的草地、花圃。

○ **生态习性** 1 年多代，成虫见于 5—11 月。常在农田附近活动，喜欢访紫色花。卵扁圆形，呈淡绿色，表面密布细小突起和网状纹。幼虫寄主为豆科植物。

○ **校园分布** 南京各校园均有分布，常见。

▼ 高凡 摄

• 记录时间：

• 记录地点：

Lycaena phlaeas

鳞翅目 Lepidoptera

灰蝶科 Lycaenidae

红灰蝶

○ **形态特征** 翅展 25~33 mm。前翅背面红色，中室中部和端部各具 1 个黑色斑，中室外有黑斑带，外缘黑色。前翅腹面橙黄色，斑纹同背面，外缘灰褐色。后翅黑褐色，内具 15 个黑斑，外缘有红色宽带。

○ **生　　境** 可见于林间空地或开阔的草地、花圃。

○ **生态习性** 1 年多代，成虫见于 4—9 月。飞行迅速，常在林地访花。幼虫对气温极为敏感，一旦温度合适，它们立即攀上绿叶取食；一旦气温下降，它们便毫不犹豫地爬至地面避寒。以蛹越冬，幼虫寄主为蓼科皱叶酸模等植物。

○ **校园分布** 南京各校园均有分布，常见。

▼ 戴云飞 摄

酢(cù)浆灰蝶

Zizeeria maha

鳞翅目 Lepidoptera

灰蝶科 Lycaenidae

- 记录时间：
- 记录地点：

○ **形态特征** 翅展 25~28 mm。雄蝶翅背面淡蓝色且有光泽，前翅外缘及后翅外缘皆有黑褐色边，中室端部具黑褐色斑点。翅腹面白色至淡黄褐色，具许多小斑。雌蝶翅背面黑色，翅基部有蓝色亮鳞。低温型个体淡黄褐色，具许多围有淡色环纹的褐色小点。眼上有毛，触角每节上有白环。

○ **生　　境** 可见于林间空地或开阔的草地、花圃。

○ **生态习性** 1 年多代，成虫见于 4—11 月。常在山地、花园附近活动，喜欢访花。卵扁圆形，呈白色至淡绿色，表面密布网状纹。幼虫寄主为酢浆草科的植物，偶尔也会以景天科的多肉植物为食。

○ **校园分布** 南京各校园均有分布，常见。

▼ 高凡 摄

- 记录时间：
- 记录地点：

Parnara guttata

鳞翅目 Lepidoptera

弄蝶科 Hesperiidae

直纹稻弄蝶

○ **形态特征** 翅展 28~40 mm。翅背面褐色，前翅具 6~8 个呈弧状排列的白色半透明斑点，下侧 1 个斑点较大。后翅中部具 4 个排列成直线的斑点。翅腹面黄褐色，斑纹与背面相同。

○ **生　　境** 可见于林间空地或开阔的草地、花圃。

○ **生态习性** 1 年多代，成虫见于 3—9 月，常见于林缘、农田、溪流附近，喜欢访花。卵半圆形，呈黄白色。幼虫寄主为禾本科植物。

○ **校园分布** 南京各校园均有分布，常见。

▼ 张华 摄

葛氏黄腹三节叶蜂

Arge geei

膜翅目 Hymenoptera

三节叶蜂科 Argidae

- 记录时间：
- 记录地点：

○ **形态特征** 成虫体长约10 mm，雄虫略小。头部蓝黑色具光泽，正面具微毛，顶部光滑；复眼黑色，单眼红褐色；触角粗长，略长于体长的一半，前缘具微毛。胸部深蓝色具金属光泽，前部具微毛，宽于头部。翅深蓝色且半透明，足蓝黑色且有光泽，腹部亮黄色。幼虫与蛾类幼虫相似，但腹足无趾钩。

○ **生　　境** 幼虫常见于蔷薇科植物的叶片上。

○ **生态习性** 雌虫会利用坚硬的刀状产卵管将卵产于蔷薇、月季等蔷薇科植物的茎内，幼虫孵化后，钻出以叶片为食，喜群聚活动，用足抓握叶片，再用腹部翘着卷起，爆发时可将一整株的叶片完全啃光。

○ **校园分布** 南京各校园均有分布，常见。

▼ 高凡 摄

• 记录时间：

• 记录地点：

草地铺道蚁

Tetramorium caespitum

膜翅目 Hymenoptera

蚁科 Formicidae

○ **形态特征** 体长 2.6~3.9 mm，体色通常为黄褐色至黑褐色。触角柄节和后足胫节外缘具短密、弯曲的毛。上颚具细密纵长刻纹；头部背面和侧腹面遍布纵长刻纹；胸、腹部具较粗糙的纵长刻纹和刻点，有的纵长刻纹不甚明显；两结节背面具刻纹和刻点，后腹部光滑。头呈矩形，额脊短，不达眼中部，有时与纵刻纹相连；触角 12 节，其柄节几乎达后头缘；后侧叶短小，近三角形。后腹部卵圆形。

○ **生　　境** 地下筑巢，常见于大石块下或石缝中。

○ **生态习性** 杂食性，喜取食植物种子，会集体出动取食昆虫或其他小动物尸体。

○ **校园分布** 南京各校园均有分布，常见。

▼ 王瑞阳 摄

日本弓背蚁

Camponotus japonicus

膜翅目 Hymenoptera

蚁科 Formicidae

- 记录时间：
- 记录地点：

○ **形态特征**　工蚁具大、中、小三种体形，体长可达 15mm，体黑色，体被覆柔毛，后腹部被覆长短不一的刚毛。头远宽于胸、腹，上颚具 5 齿，触角远离唇基着生，胸、腹的背面呈连续弓形。

○ **生　　境**　蚁巢常见于稀林地、林缘、林间空地和路边，在地下筑巢。工蚁常见于阳光充足的路面各处。

○ **生态习性**　有性蚁生于秋季，次年 4 月左右大规模婚飞，此时常可在路面见到其有翅繁殖蚁或完成交配后刚刚脱翅的雌性繁殖蚁。幼虫成长过程受工蚁调节，产生大、中、小三种不同的体形，以完成各自不同的工作。随着蚁群的扩大，会迁出原有巢址，建造更大的新巢。杂食偏肉食性，喜取食毛虫和采集植物蜜露，有时取食蚜虫、蚧壳虫、角蝉等昆虫分泌的蜜露。

○ **校园分布**　南京各校园均有分布，常见。

▼ 黄悦　摄

金环胡蜂

Vespa mandarinia

膜翅目 Hymenoptera

胡蜂科 Vespidae

- 记录时间：
- 记录地点：

○ **形态特征** 长约 4 cm，是江苏地区最大的胡蜂之一。头部橘黄色而宽大，略窄于胸部。两触角窝间轻微隆起达唇基部，额沟明显，额部及颊部有稀疏的浅刻点，颊部宽，单眼棕色位于复眼间；触角柄节棕黄色。上颚基部宽，近三角形，橘黄色，端部黑色且具齿，有刻点和短绒毛。前胸背板前缘中央略隆起，除两侧为黄棕色，其余均为黑褐色，但有棕色毛。小盾片矩形，光滑而略隆起。腹部除第 6 节的背腹板呈橙黄色，其余各节背板均为棕黄色与黑褐色相间，形成许多金色与黑色相间的环状条带。

○ **生　　境** 常见于林地，巢穴见于高树上。

○ **生态习性** 巢穴附近的胡蜂十分大胆、凶猛，喜集群攻击入侵者，捕食小昆虫，有时也吸食树的汁液。

○ **校园分布** 南京各校园均有分布，常见。

黄悦 摄

西方蜜蜂

Apis mellifera

膜翅目 Hymenoptera

蜜蜂科 Apidae

- 记录时间：
- 记录地点：

○ **形态特征** 工蜂体长 12~14 mm，腹部第 6 节背板上无绒毛带；后翅中脉不分叉；唇基一色。与东方蜜蜂形态相似，可通过上唇基不具有三角形斑纹、个体较大、体色更浅与之区别。

○ **生　　境** 常见于开花植物附近，蜂巢筑于树洞中。

○ **生态习性** 现处于野生、半野生或家养状态。在自然界中，蜂群穴居。喜访花、采集花粉。成虫取食花粉和花蜜，幼虫取食花粉与花蜜的混合发酵物。

○ **校园分布** 南京各校园均有分布，常见。

▼ 高凡 摄

- 记录时间：
- 记录地点：

Apis cerana

膜翅目 Hymenoptera

蜜蜂科 Apidae

东方蜜蜂

○ **形态特征** 成虫体长约 10 mm，黑褐色，腹部具黄色花纹。头部三角形，雄蜂复眼较工蜂与蜂后更大；蜂王和工蜂鞭节共有 10 个亚节，雄蜂有 11 个亚节。3 对足大小形态有所不同：前足具净角器，后足基跗节具花粉栉，后足胫节外侧为携带花粉团的花粉筐。蜡镜为工蜂所特有的结构，卵圆形而光滑，位于第 4~7 腹板上。工蜂腹部第 7 节背板前缘表面有许多微孔，内部有臭腺，可分泌气味信号，与同伴进行沟通。工蜂腹部末端具螫刺，隐藏于第 7 腹节内的螫刺腔中。

○ **生　　境** 常见于开花植物附近，蜂巢筑于树洞中。

○ **生态习性** 植食性。成虫访花，采集花粉；幼虫取食花粉与花蜜的混合发酵物。

○ **校园分布** 南京各校园均有分布，易见。

▼ 黄悦 摄

黄胸木蜂

Xylocopa appendiculata

膜翅目 Hymenoptera

蜜蜂科 Apidae

- 记录时间：
- 记录地点：

○ **形态特征** 体长 24~25 mm，体黑色，胸部、头部后方和腹部第 1 节被覆黄色毛，翅褐色。雄蜂唇基、额和触角柄节前侧呈黄色。

○ **生　　境** 巢穴多见于枯木或木材上，成虫多见于花丛中。

○ **生态习性** 成虫喜访花，采食花粉和花蜜。在干燥的木材上筑巢，独居生活。

○ **校园分布** 南京各校园均有分布，常见。

▼ 苏圣博 摄

长木蜂

Xylocopa tranquebarorum

膜翅目 Hymenoptera

蜜蜂科 Apidae

- 记录时间：
- 记录地点：

○ **形态特征** 体长 22~27 mm，身体呈黑色且非常粗壮，被覆黄褐色或黑色的毛。后足腿节膨大；翅黑褐色，光照下会呈现出紫红色的光。

○ **生　　境** 成虫多见于花丛中，巢穴多见于枯树上或竹林中。

○ **生态习性** 成虫喜访花，采食花粉和花蜜。常在枯树或竹子上打洞做巢，独居生活。1 年 1 代，成虫越冬。

○ **校园分布** 南京各校园均有分布，常见。

▼ 王瑞阳 摄

白斑蛾蠓 měng

Clogmia albipunctata

双翅目 Diptera

蛾蚋科 Psychodidae

• 记录时间：

• 记录地点：

○ **形态特征** 成虫体形较小，体长约 3 mm，体呈灰色，通体被覆灰白色绒毛。翅基部具黄斑，中部具一对小黑点，周缘环布白点。触角12~16 节。

○ **生　　境** 多见于阴暗潮湿的水沟、墙体缝隙等地。幼虫常见于污水聚集的水洼中。

○ **生态习性** 幼虫取食水中的有机杂质；成虫口器退化，不取食。生命周期短，繁殖速度快，幼虫期仅需两周，蛹期仅 3—4 天，可在积水地带快速繁殖。成虫多静止停留在潮湿的墙壁上，多见于家中的浴室。

○ **校园分布** 南京各校园均有分布，常见。

▼ 高凡 摄

白纹伊蚊

Aedes albopictus

双翅目 Diptera

蚊科 Culicidae

• 记录时间：

• 记录地点：

○ **形态特征** 体长约 6 mm，体黑白色相间，中胸盾片有一白色纵条，通常后部逐渐变细，并在小盾片前区分叉；盾片两侧翅基前有一簇宽白鳞，盾角无鳞簇；前胸后背片及翅前、翅上鳞簇不连成一纵线，中胸腹侧板和后侧片的鳞簇明显分开；足的跗节有基白环，跗节 5 全部或大部分白色；腹节 2~6 背板具基白带。雄蚊腹节 9 背板呈山峰状，中央有一突起。

○ **生　　境** 幼虫常见于临时性水洼的污水中，雌性成虫常见于室内。

○ **生态习性** 幼虫取食水中有机质；雌性成虫吸食哺乳动物血液；雄性成虫喜访花，采食花粉和花蜜。繁殖速度快，可在临时性水体中快速繁殖，生命周期较短。雌虫吸血高发期多在每日日出前或黄昏时段。有时携带各种病毒的病原体，是其传播媒介。

○ **校园分布** 南京各校园均有分布，常见。

▼ 高凡 摄

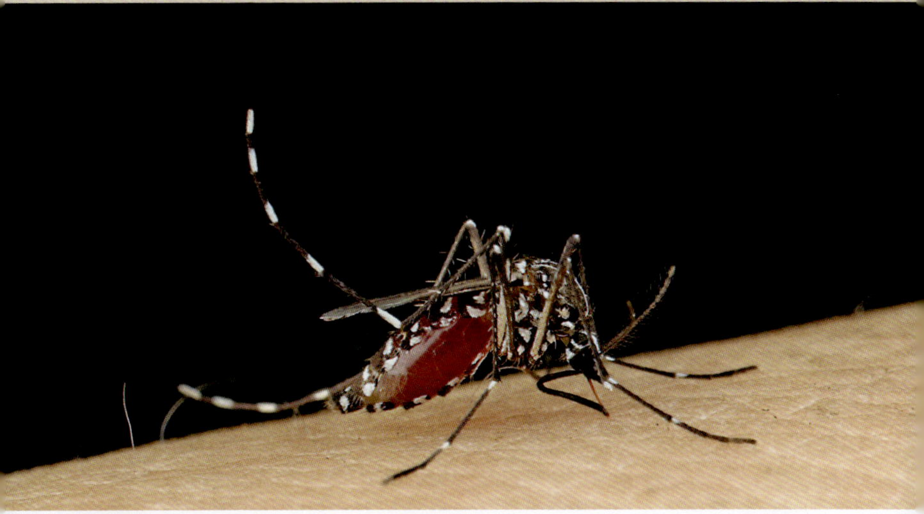

黑带食蚜（yá）蝇

Episyrphus balteatus

双翅目 Diptera

食蚜蝇科 Syrphidae

- 记录时间：
- 记录地点：

○ **形态特征** 成虫体长 6~11 mm，雄性复眼相连而雌性分离，体棕黄色，胸部褐色，被覆白毛，中胸盾片具有黑色纵带，腹部具有黑色横带。形态酷似胡蜂，但访花时会在空中悬停。

○ **生　　境** 幼虫常见于植物叶片上，成虫多见于花丛中。

○ **生态习性** 成虫常年可见。成虫访花，幼虫专吃危害棉花等作物的蚜虫，对农作物有益。

○ **校园分布** 南京各校园均有分布，常见。

▼ 高凡 摄

• 记录时间：

• 记录地点：

Musca domestica

双翅目 Diptera

蝇科 Muscidae

家蝇

○ **形态特征** 成虫体长 5~10 mm，灰褐色。复眼大，呈暗红色，被黄白色区域环绕，额部中央为黑色，雄虫的复眼占比更大；触角小，灰黑色。足黑色，有灰黄色粉。前胸背板被覆鬃毛，具 4 条黑色纵向条纹，前胸侧板中央凹陷处具纤毛。腹部椭球形，侧面黄色半透明，腹部中央有宽的黑色纵向条纹，第一腹板具纤毛。3 对足均为黑色，具灰黄色绒毛，跗节扁平，善于在光滑物面上爬行。

○ **生　　境** 常见于阴暗潮湿处。

○ **生态习性** 腐食性。成虫和幼虫喜食各类腐烂、臭味食物。幼虫能快速分解粪便和残骸，繁殖速度快。其对腐烂、臭味食物的偏好，使得其可能传播多种有害病原体微生物。

○ **校园分布** 南京各校园均有分布，常见。

▼ 黄悦 摄

亚麻蝇（属）

Parasarcophaga sp.

双翅目 Diptera

麻蝇科 Sarcophagidae

- 记录时间：
- 记录地点：

○ **形态特征** 体长约 10 mm，体灰褐色，复眼红色，胸背部具 3 条黑色毛带，腹部具暗色斑，足黑色。

○ **生　　境** 成虫多见于林下阴暗潮湿地带，也见于人类活动范围附近的垃圾堆等地。

○ **生态习性** 成虫腐食性或肉食性，幼虫取食有机质。某些种类可寄生鳞翅目幼虫。繁殖方式为卵胎生，雌蝇直接产出已经孵化的幼虫。成虫常年可见。

○ **校园分布** 南京各校园均有分布，常见。

▼ 高凡 摄

• 记录时间：

• 记录地点：

Chrysoperla carnea

脉翅目 Neuroptera

草蛉科 Chrysopidae

普通草蛉（líng）

○ **形态特征** 体长约10 mm，翅长与体长相似，身形修长。头部三角形，复眼黑色，有橙黄色的金属光泽；口器发达；触角细长，近等于体长。前胸背板窄于头部与中后胸，与腹部近等宽。腹部细长柱状，约占体长的2/3。春夏季型成虫体色翠绿，背部具一条贯穿身体的金色条带，翅透明，略带浅绿色。秋冬季型成虫越冬时，体色与翅均转为黄色。幼虫灰色，身体梭形，具毛，头部大而具发达的上颚，足发达。

○ **生　　境** 常见于植物叶片表面或草丛中。

○ **生态习性** 成虫会将卵产于植物、苔藓表面。幼虫期4—6个月，成虫寿命1—2个月。成虫和幼虫均以蚜虫为食，被冠以“蚜狮”之名。

○ **校园分布** 南京各校园均有分布，常见。

▼ 黄悦 摄

迷卡斗蟋

Velarifictorus micado

直翅目 Orthoptera

蟋蟀科 Gryllidae

- 记录时间：
- 记录地点：

○ **形态特征** 体长13~18mm，通体黑褐色。头大，顶部宽圆，面圆凸饱满，头后有6条黄色短纵纹，两侧单眼之间具1条中间狭、两端宽的黄色横带，中单眼处具一小黄斑点。前胸背板呈长方形，具淡黄色斑纹。后翅短于前翅。有后翅长于前翅的个体，俗称“飞机翅”。雄虫前翅长达腹端；雌虫前翅未达腹部末端，产卵管长于后足腿节。

○ **生　　境** 常栖息于野外地面、土堆、石块和墙隙中。

○ **生态习性** 成虫掘洞或利用现成的瓦砾石块缝隙而居。雄性为了求偶，会不间断地鸣叫，直到深秋才逐渐停止。雄性具极强的领地占有性，为了争地盘、配偶，会与其他雄性个体进行打斗。杂食性，成虫与若虫啮食植物的茎、叶、种子、果实和根部，偶尔捕食小型昆虫。

○ **校园分布** 南京各校园均有分布，易见。

▼ 高凡 摄

雄

▼ 高凡 摄

雌

• 记录时间：

• 记录地点：

悦鸣草螽

zhōng

Conocephalus melaenus

直翅目 Orthoptera

螽斯科 Tettigoniidae

○ **形态特征**　雄性成虫体长 15~17 mm，雌性成虫体长 14~17.5 mm；体绿色。头部复眼后方具 1 条较宽的黑褐色纵带，向后延伸至后翅顶端；触角基部 2 节；后足股节端部、跗节均为暗黑色，具刺。前翅到达后足股节顶端，较狭窄。雄性下生殖板延长，后缘平直；雌性尾须较短，具产卵管，长过翅末端。

○ **生　　境**　常栖息于芒草之中。

○ **生态习性**　夜晚常在芒草丛间活动，雌虫会产卵于芒草叶主脉内。鸣声连续而微弱。以植物为食，1 年 2 代。

○ **校园分布**　南京各校园均有分布，易见。

▼ 高凡 摄

东方蝼(lóu)蛄(gū)

Gryllotalpa orientalis

直翅目 Orthoptera

蝼蛄科 Gryllotalpidae

- 记录时间：
- 记录地点：

○ **形态特征** 成虫体长 35~40 mm，全身茶褐色，密布细毛。前胸背板粗大，触角与前胸背板等长。前翅灰褐色，较短；后翅长。前足特别发达，扁宽且具大齿；后足胫节内侧有 4 根棘刺。腹部长椭圆形，末端具一对尾须。

○ **生　　境** 常栖息于较为湿润的河堤旁或菜园地中。

○ **生态习性** 成虫多见于每年的 8—9 月。昼伏夜出，具有强烈的趋光性。雄虫鸣叫声响亮。成虫、若虫均在土中活动，取食植物的种子、幼芽。

○ **校园分布** 南京各校园均有分布，常见。

▼ 黄悦 摄

- 记录时间：
- 记录地点：

Lycorma delicatula

半翅目 Hemiptera

蜡蝉科 Fulgoridae

斑衣蜡蝉

○ **形态特征** 成虫体长 15~25 mm，翅展 40~50 mm，全身灰褐色；前翅革质，基部约 2/3 为淡褐色，翅面具有 20 个左右的黑点；端部黑色，约 1/3 为深褐色；后翅膜质，基部鲜红色，具有黑点。体翅表面附有白色蜡粉。头角向上卷起，呈短角突起。翅偏蓝色为雄性，翅偏米色为雌性。不同龄期的若虫，体色变化很大。低龄若虫体黑色，上面具有许多小白点；高龄若虫身体通红，体背有黑色和白色斑纹。

○ **生　　境** 常栖息于多种植物之上，最喜臭椿。

○ **生态习性** 成虫多见于每年的 8—10 月。成虫、若虫均会跳跃，喜欢集群生活。成虫飞行能力弱。成虫与若虫均吸取植物的汁液。

○ **校园分布** 南京各校园均有分布，常见。

▼ 黄悦 摄

黑蚱蝉

Cryptotympana atrata

半翅目 Hemiptera

蝉科 Cicadidae

- 记录时间：
- 记录地点：

▲ 陈鸣乐 摄

○ **形态特征** 成虫体长 38~48 mm，翅展约 125 mm。体黑褐色至黑色，有光泽，披金色细毛。头部中央和背的上方有红黄色斑纹。复眼突出，淡黄色，有 3 个较接近的呈三角形排列的单眼；触角短小，呈刚毛状。中胸背面宽大，中央高突，有“X”形突起。翅透明，基部翅脉金黄色。前足腿节有齿刺。雄虫腹部第 1~2 节有鸣器，雌虫腹部有发达的产卵器。末龄若虫体长约 35 mm，黄褐色或棕褐色；前足发达，形似成虫。

○ **生　　境** 常栖息于柳树或较为高大的树木上。

○ **生态习性** 若虫在土壤中刺吸植物根部；成虫刺吸枝干，产卵造成植物枝干枯死。以若虫在土壤中或以卵在寄主枝干内越冬。成熟若虫大多在 6 月上中旬开始出土，在雨后傍晚钻出地面，爬到树干及植物茎秆上蜕皮羽化。成虫栖息在树干上，夏季不停地鸣叫，8 月为产卵盛期。

○ **校园分布** 南京各校园均有分布，常见。

• 记录时间：

• 记录地点：

Gerris gracilicornis

半翅目 Hemiptera

黾蝽科 Gerridae

细角黾（miǎn）蝽（chūn）

○ **形态特征** 体狭长、黑色，体长 10~14 mm。复眼大，深棕色。前胸背板梯形，前端黑色，具浅黄色纵中线。只有长翅型，前翅超过腹部第 8 节。腹部背板各节间侧缘具白色斑点。

○ **生　　境** 常见于校园池塘的水面。

○ **生态习性** 会用短小的前足捕食落到水面的昆虫、小型动物或吸食它们尸体的体液，若一片水域种群密度过大，甚至会出现同类相食的现象。足上覆盖着细小的防水毛，使其能够稳稳地站在水面上，其第 2 对足用于前进，第 3 对足用于转向。在交配过程中，雌性浮在水面上，雄性位于其背上。

○ **校园分布** 南京各校园均有分布，常见。

▼ 黄悦 摄

黑翅土白蚁

Odontotermes formosanus

蜚蠊目 Isoptera

白蚁科 Termitidae

- 记录时间：
- 记录地点：

○ **形态特征** 兵蚁乳白色，体长约 6 mm。头部光滑硕大，宽于身体，黄色椭圆球形，占体长的 1/3 以上；触角念珠状；上颚大，呈镰刀形，左上颚内缘具一大齿，右上颚具一微齿。前胸背板小，呈元宝状。工蚁头部较小，黄色近球状，上颚不发达。繁殖雄蚁个体远大于兵蚁与工蚁，体背面为黑褐色，腹面棕黄色。婚飞前具翅，前后翅相似，黑色，远长于身体，具规律的斜纹。婚飞交配后脱翅，钻入地下生活，蚁后随着年龄增长，腹部不断增大、增肥。

○ **生　　境** 喜筑巢于堤身、坝身及堤坝禁脚平台。

○ **生态习性** 社会性昆虫，会建造菌圃，即利用植物碎屑培养真菌，再以真菌为食，当真菌长势控制不住时，就会长出地表，形成鸡枞菌丛。每年夏初升温降雨时婚飞。

○ **校园分布** 南京各校园均有分布，常见。

▼ 黄悦 摄

- 记录时间：

- 记录地点：

Gonolabis distincta

革翅目 Dermaptera

肥螋科 Anisolabididae

明殖肥螋(sōu)

○ **形态特征** 体长 13.5~20.2 mm，尾铗长 2.5~3.8 mm。雄虫头部呈三角形，后外角两侧较圆，额部圆隆，复眼较突出。触角细长，遍布黄色短绒毛，基节棒状。前胸背板长方形；腹部狭长，遍布较密小刻点和黄色短绒毛。尾铗不对称，基部呈三棱形，后部圆锥形，向内侧弯曲，内缘具小钝齿。足较长，腿节除近端部，大部分为暗褐色。雌虫体形和雄虫近似，但较长，腹部厚，后部的几节侧后角较尖。尾铗对称，内缘接近，末端尖，稍向上弯翘和向内侧弯。

○ **生　　境** 喜欢潮湿阴暗的环境，通常生活在树皮缝隙、枯朽腐木中或落叶堆下。

○ **生态习性** 食性杂，喜欢在夜间活动。

○ **校园分布** 南京各校园均有分布，常见。

▼ 黄悦 摄

霸王叶春蜓

Ictinogomphus pertinax

蜻蜓目 Odonata

春蜓科 Gomphidae

- 记录时间：
- 记录地点：

○ **形态特征** 大型蜻蜓。体长约 7 cm，腹长约 5 cm，后翅长约 4 cm。雄性面部黑色具黄斑，上唇具 1 对黄色斑，额甚阔，头后黄色；胸部黑色，前后胸及背部纵列黄斑，侧面具大块黄斑；腹部黑色，第 2~8 节具黄斑；第 8 腹节有一对全黑的叶突；足部全黑。雌性与雄性相似，雌性的叶突较小。

○ **生　　境** 栖息在池塘等开阔水域。

○ **生态习性** 飞行期为 3—12 月。有一定领地意识，常对领地进行巡视飞行。停栖时会采取戒备姿态，身体前倾，随时准备起飞。常进行短暂捕食飞行，或对进入领地的其他昆虫进行驱离。雌虫在飞行中产卵，将卵点入水中。以蜉蝣幼虫、蚊类幼虫为食。

○ **校园分布** 南京各校园均有分布，常见。

▼ 严少华 摄

雄

▼ 王瑞阳 摄

雌

- 记录时间：
- 记录地点：

黄蜻

Pantala flavescens

蜻蜓目 Odonata

蜻科 Libellulidae

○ **形态特征** 体长 32~40 mm，身体赤黄色至红色；头顶中央突起。前胸黑褐色，前叶上方和背板有白斑。翅透明，赤黄色；后翅臀部浅茶褐色。足黑色，腿节及前、中足胫节有黄色纹。腹部赤黄色，第 1 腹节背板有黄色横斑，第 4~10 背板各具黑色斑 1 个。肛附器基部黑褐色，端部黑褐色。雄性身体红色，雌性身体黄色。羽化后的黄蜻颜色很浅。

○ **生　　境** 栖息在各类开阔地或水边。

○ **生态习性** 数量极大，飞行能力较强，接近黄昏时，常成群结队在空中飞翔，捕捉昆虫。雌性在交配后，会将卵产于水草的茎叶上，它们对水质要求并不高，这也是它们分布广泛的一个原因。卵孵化后，生活于水中。幼虫以水中的浮游生物及水生昆虫为食。

○ **校园分布** 南京各校园均有分布，常见。

▼ 黄悦 摄

红蜻

Crocothemis servilia

蜻蜓目 Odonata

蜻科 Libellulidae

- 记录时间：
- 记录地点：

○ **形态特征**　体长 44~47 mm，翅展 68~70 mm。雄性通体红色，翅透明，基部有橙色斑。雌性多型，有黄色型与红色型。

○ **生　　境**　栖息在水草茂盛的湿地、湖泊、池塘。

○ **生态习性**　成虫期为 5—9 月。雄性成虫的体色并非一成不变，刚羽化时，体色偏黄，此时的雄性成虫还没有完全成熟，需要经过一段时间的发育，只有在完全成熟时，体色才会完全变红。成虫捕食各类小型昆虫，幼虫以水中的浮游生物及水生昆虫为食。

○ **校园分布**　南京各校园均有分布，常见。

▼ 高凡 摄

- 记录时间：
- 记录地点：

Pseudothemis zonata

蜻蜓目 Odonata

蜻科 Libellulidae

玉带蜻

○ **形态特征** 体长 44~46 mm，翅展 78~84 mm。体黑色，头顶及瘤状突蓝黑色，额黄色。胸部具黄色长毛，背条纹不明显，肩前下条纹黄色，胸部两侧各具 2 条黄色斜条纹。翅透明，呈黑色，前缘附近略带黄色，翅端与翅基有黑褐斑；后翅基的斑大。足黑色，腹部第 3、4 节呈黄白色，雌虫第 4 腹节具黑色横带。

○ **生　　境** 栖息在各类开阔地或水边。

○ **生态习性** 一般生活在静水环境周围。成虫飞行技术高超，对自己的领地有占有现象。成虫捕食各类小型昆虫，幼虫以水中的浮游生物及水生昆虫为食。

○ **校园分布** 南京各校园均有分布，常见。

▼ 黄悦 摄

杯斑小蟌 cōng

Agriocnemis femina

蜻蜓目 Odonata

蟌科 Coenagrionidae

- 记录时间：
- 记录地点：

○ **形态特征** 身体细小，体长约 20 mm，翅展约 22 mm，腹部长 15~18 mm。雄虫胸部布满白粉，腹部黑褐色，末端橙红色。雌虫胸部灰绿色，部分个体近似雄虫，胸部具白粉、黑色斑。老龄雄虫胸部会覆盖粉霜。

○ **生　　境** 栖息在水草茂盛的湿地、湖泊、池塘。

○ **生态习性** 成虫捕食各类小型昆虫，幼虫以水中的浮游生物及水生昆虫为食。

○ **校园分布** 南京各校园均有分布，常见。

▼ 高凡 摄

- 记录时间：
- 记录地点：

Platycnemis phyllopoda

蜻蜓目 Odonata

扇蟌科 Platycnemididae

叶足扇蟌(cōng)

○ **形态特征**　体长 33~34 mm，腹长 26~27 mm，后翅长 16~17 mm。雄性面部黑色，上唇和唇基淡蓝色；胸部黑色且具淡黄色的肩条纹和肩前条纹，侧面具 2 条黄色条纹，中足和后足的胫节呈叶片状；腹部黑色且具白色斑纹，肛附器白色。雌性黑色具黄色条纹，足的胫节未膨大。

○ **生　　境**　栖息在水草茂盛的湿地、湖泊、池塘。

○ **生态习性**　雌雄交配方式看上去极为浪漫。雄虫用腹部末端搂住雌虫的背部，雌虫把腹部后端的生殖孔紧贴到雄虫腹部前端的交合器上；雌雄一边交配，一边共同形成一个“心”字造型。成虫捕食各类小型昆虫，幼虫以水中的浮游生物及水生昆虫为食。

○ **校园分布**　南京各校园均有分布，常见。

▼ 高凡 摄

▼ 高凡 摄

辽宁皮䗛 xiū

Phraortes liaoningensis

䗛目 Phasmida

异䗛科 Heteronemiidae

• 记录时间：

• 记录地点：

○ **形态特征** 体长 58~84 mm，细长无翅，身体呈黄色、黄绿色、黄褐色。头长大于宽，两触角间凹入，头顶具 1 条纵沟。中节中央稍后具 1 对新月形凹窝。腹部长于头部、胸部之和，以第 3、4 节最长，第 8 节最短。

○ **生　　境** 栖息在林中栎类较多的地方或在灌木层枝叶上。

○ **生态习性** 渐变态发育，静止时栖息于植物上，具拟态与保护色，不易被发现。当受到伤害时，若虫的足可以自行脱落，而且可以再生。主要以壳斗科植物为食。

○ **校园分布** 南京各校园均有分布，常见。

▼ 黄悦 摄

- 记录时间：
- 记录地点：

Slatilia maculata

螳螂目 Mantodea

螳科 Mantidae

棕静螳

○ **形态特征** 雄性体长 31~49 mm，雌性体长 45~60 mm，身体褐色或浅褐色，部分个体呈黄色或绿色。前足基节和腿节内侧具有大块的黑色斑纹，前足内部有黑色、白色、粉色斑。复眼突出，单眼 3 个，排成三角形。触角丝状，口器咀嚼式，上颚发达。

○ **生　　境** 常见于靠近地面的草丛中。

○ **生态习性** 若虫一般于每年 4 月左右孵化，7—8 月变为成虫。成虫和若虫捕食各种小型昆虫，如蚱蜢、蟋蟀、蝇类等。

○ **校园分布** 南京各校园均有分布，易见。

▼ 黄悦 摄

中华大刀螳

Tenodera sinensis

螳螂目 Mantodea

螳科 Mantidae

- 记录时间：
- 记录地点：

○ **形态特征** 成虫体形大，呈暗褐色或绿色。雌虫体长 74~120 mm，前胸背板长 23~28 mm；雄虫体长 68~94 mm，前胸背板长 21~23 mm。头三角形，复眼大而突出。前胸背板前端略宽，两侧具有明显的齿列，后端齿列不明显。前翅前缘区较宽，草绿色，革质。后翅略超过前翅的末端，黑褐色，前缘区为紫红色，全翅布有透明斑纹。足细长。

○ **生　　境** 栖息在树冠阴凉处或杂草丛中。

○ **生态习性** 一般在早晚活动、觅食，捕食各类小型昆虫。喜阴怕热，在炎热的夏天，中午常栖息在树冠阴凉处或杂草丛中。秋季气温降低时，早晚多栖息在向阳的树叶上。雌虫和雄虫一生可交尾多次，交尾后 1—33 天开始产卵。

○ **校园分布** 南京各校园均有分布，常见。

▼ 高凡 摄

- 记录时间：
- 记录地点：

日本沼虾

zhǎo

Macrobrachium nipponense

十足目 Decapoda

长臂虾科 Palaemonidae

○ **形态特征** 成虾体长 3~8 cm，呈长圆筒形。头胸部比较粗大，身体从前往后渐次细小。头胸甲前端中央有一剑状突起，被称为“额剑”。其身体由 20 个体节组成，头部 5 对附肢，胸部 8 对附肢，前 3 对为颚足，后 5 对为步足。腹部 6 对附肢，前 5 对为游泳足，第 6 对为尾肢。体色呈青灰色并有棕色斑纹，体色常随栖息环境而变化。

○ **生　　境** 栖息在各类湖泊、河流、水库。

○ **生态习性** 喜欢生活在淡水湖泊、河流、水库、池塘、沟渠等水草丛生的缓流处；冬季向深水处越冬，潜伏在洞穴、瓦块、石块、树枝或草丛中，活动力差，不吃食物。属杂食性动物，在不同的发育阶段，其食物组成不同。

○ **校园分布** 南京各校园均有分布，常见。

▼ 居涛 摄

克氏原螯(áo)虾

Procambarus clarkii

十足目 Decapoda

螯虾科 Cambaridae

- 记录时间：
- 记录地点：

○ **形态特征** 头胸甲大致呈圆筒状，稍侧扁，腹部分 7 节，发达且可弯曲，末端呈扇状，遇危险时，可甩动腹部快速倒退。成虾甲壳坚硬且颜色多变，颜色有红色、红棕色、粉红色。头胸甲具较多黑色或黄白色颗粒，背部呈暗红色，两侧为粉红色并具橘黄色或白色斑点。幼虾呈灰色，具深色纹路。螯狭长，呈暗红色或黑色，并具亮橘红色或微红色结节。共具 2 对触角，第 1 对触角较短小且为双鞭结构，第 2 对触角较粗且长。胸部具足 5 对，腹部具游泳足 5 对及尾肢 1 对。

○ **生　　境** 栖息在各类水域中。

○ **生态习性** 为外来入侵物种，严禁放生。食性杂，食物包括水草、藻类、水生昆虫、动物尸体等。生长速度快，适应能力强。食物匮乏时，会自相残杀。

○ **校园分布** 南京各校园均有分布，常见。

▼ 黄悦 摄

- 记录时间：
- 记录地点：

普通卷甲虫

Armadillidium vulgare

等足目 Isopoda

卷甲虫科 Armadillidiidae

○ **形态特征** 体长 8~10 mm，长为宽的 2 倍。椭圆形，背呈弓形。胸部与腹部宽度近似。胸节 7 节，第 1、2 节的后侧板较第 3、7 节的尖锐。腹节 5 节，第 1、2 节窄，第 3~5 节的侧缘与尾节后缘形成半圆形。体节上有多少不等的弯曲条纹。胸肢 7 对，腹肢 5 对。尾肢扁平，外肢与尾节嵌合紧密；内肢细小，被尾节掩盖。雄性内肢较细长，末端弯曲且呈微钩状。体色有时灰色或暗褐色，有时局部带黄色，并具有光亮的斑点。第 1 触角微小，第 2 触角短；柄部 5 节，鞭部 2 节。

○ **生　　境** 多栖息于枯枝腐叶间或石块下，喜阴暗、潮湿的环境。

○ **生态习性** 行动缓慢，受惊后便卷曲成球。杂食性。

○ **校园分布** 南京各校园均有分布，常见。

▼ 徐一扬 摄

燕山蛩 qióng

Spirobolus bungii

山蛩目 Spirobolida

山蛩科 Spirobolidae

- 记录时间：
- 记录地点：

○ **形态特征** 体长约 120 mm，宽约 7 mm，触角长约 5 mm。头鞘平滑，前中央有一纵沟。触角基部后每边约有 50 个单眼集结，排成三角形，似复眼。约自第 6 背板以后，每个侧面各有 1 对臭腺孔。前肢由一阔基节及一侧板向后包裹，端肢弧状，有不明显的分节。躯干背面黑褐色，后缘淡褐色，前缘盖住部分淡黄色。颈板深褐色；步肢黑褐色，最后 1 对色淡。

○ **生　　境** 栖息在各类林地与阴暗潮湿处。

○ **生态习性** 行动迟缓，有沿树向上攀援的习性。受到刺激后，侧身盘绕呈环状，散发特殊臭气。以落叶、落果等腐殖质为食。

○ **校园分布** 南京各校园均有分布，常见。

▼ 王瑞阳 摄

• 记录时间：

• 记录地点：

少棘蜈蚣

jí

Scolopendra subspinipes mutilans

蜈蚣目 Scolopendromorpha

蜈蚣科 Scolopendridae

○ **形态特征** 体长110~140 mm。头板和第1背板金黄色，自第2背板起墨绿色或暗绿色，末背板近于黄褐色，胸腹板和步足淡黄色。头板前部的两侧各有4个单眼，集成左右眼群。颚肢内部有毒腺。步足21对，基侧板后端有2个小棘。前腿节腹面外侧有2个棘，内侧有1个棘。背面内侧有1个棘和1个隅棘，隅棘顶端有2个小棘。

○ **生　　境** 喜居于潮湿阴暗的处所，多栖于石隙间以及阴湿的草地处。

○ **生态习性** 昼伏夜出，捕食昆虫和其他小型动物。在10月天气转冷时，钻入土的深处越冬。次年惊蛰后，天气转暖，出洞觅食。在春夏之间产卵，雌虫蜷曲身体，环抱卵群孵化，并保护幼虫。

○ **校园分布** 南京各校园均有分布，常见。

▼ 高凡 摄

络新妇蛛

Nephila clavata

蜘蛛目 Araneida

园蛛科 Araneidae

- 记录时间：
- 记录地点：

○ **形态特征** 雌蛛体长 20~25 mm。背甲黑褐色，密生灰色绒毛。头部隆起，中间有一褐色“V”形斑。螯肢棕黑色，触肢黄色且多小黑刺。胸板棕黑色，密布细长毛，中央有黄白色宽条纹。步足黑色，多黑毛和长刺。腿节、胫节与后跗节上有黄色纹。腹部圆筒形，腹背黄色底，有青绿色横带；腹侧有黄色与黑色斜纹；腹末端色深，有黄色圆斑。腹面中央有一棕褐色横列“E”形斑。雄蛛体长仅为雌蛛的 1/4 左右。

○ **生　　境** 栖息在各类林地与阴暗潮湿处。

○ **生态习性** 常于树林、灌木丛、果树林或稻田外围结大马蹄形圆网，驻网姿势为垂直向下，网四周还有不规则小网黏附，丝色金黄。卵呈囊球形，茧状，9—10 月成熟，雄蛛在网的一侧相伴。以各类小昆虫为食。

○ **校园分布** 南京各校园均有分布，常见。

▼ 王瑞阳 摄

- 记录时间：
- 记录地点：

大腹园蛛

Araneus ventricosus

蜘蛛目 Araneae

园蛛科 Araneidae

○ **形态特征** 雄蛛体长12~17 mm，中窝横向且呈坑状，步足较雌蛛长。雌蛛体长12~22 mm。体色与斑纹多变异，一般黑色或黑褐色。背甲扁平，前端宽，中窝横向，颈沟明显。胸板中央有一"T"形黄斑，周缘呈黑褐色纹。腹背后部直至体末端有一棕黑色叶斑，边缘有黑色波纹，叶斑两侧为黄褐色。腹部腹面中央褐色，两侧各有一黑色条斑。

○ **生　　境** 生活于各类林地与阴暗潮湿处，尤其以村庄附近棉田的周围和田埂的树木上较多。

○ **生态习性** 在棉株之间结圆形大网。多在傍晚布网，网可连续用数日。在农田内，以网捕食鳞翅目、鞘翅目、半翅目、直翅目等昆虫。傍晚落网的猎物会被它运到网中央取食或贮存，白天落网的猎物用蛛丝捆缚，待傍晚再移动。

○ **校园分布** 南京各校园均有分布，常见。

▼ 高凡 摄

方形石田螺

Sinotaia quadrata

主扭舌目 Architaenioglossa

田螺科 Viviparidae

- 记录时间：
- 记录地点：

○ **形态特征** 螺壳中等大小，成体壳高约 28 mm，壳宽约 15 mm。壳质厚、坚固，呈长圆锥形。有 7 个螺层，各螺层高、宽缓慢增长。壳面呈绿褐色或黄褐色，通常具有细密而明显的生长纹及螺棱。壳口呈宽卵圆形，上方有一锐角，周缘完整，脐孔不明显。厣为角质的薄片。雄性右触角短、粗、弯曲，形成交配器官。

○ **生　　境** 栖息在各类湖泊、河流、水库及水田中。

○ **生态习性** 喜底质松软、饵料丰富、水质清的水域，特别喜集群于缓流水之处，体表常附着大量藻类，夜间较为活跃。卵胎生，受精卵的胚胎发育至仔螺发育都在雌螺体内进行。食性杂，以水生植物嫩茎、叶和有机碎屑等为食。

○ **校园分布** 南京各校园均有分布，常见。

▼ 张燕宁 摄

• 记录时间：

• 记录地点：

Acusta ravida

柄眼目 Stylommatophora

坚螺科 Camaenidae

灰尖巴蜗牛

○ **形态特征** 螺壳球形，棕黄色，壳口几乎不外翻，壳径长 20~35 mm。脐孔明显，无厣。

○ **生　　境** 栖息在各类林地与阴暗潮湿处。

○ **生态习性** 白天潜伏，傍晚或清晨取食，遇到阴雨天时，多整天栖息在植株上。4 月下旬至 5 月上中旬，成体开始交配，后不久把卵成堆产在植株根茎部的湿土中，成块状，喜栖息在植株茂密的低洼潮湿处。遇有高温干燥条件，常把壳口封住，潜伏在潮湿的土缝中或茎叶下，待条件适宜再活动。11 月中下旬开始越冬。以各类植物叶片为食。

○ **校园分布** 南京各校园均有分布，常见。

▼ 高凡　摄

遇见

玉带凤蝶的故事

1998 年 4 月的一天，我应邀去南京中山门外的一所小学作题为“蝴蝶与传说”的讲座。会场的窗外有阵阵花香飘进来，沁人心脾，原来是柑橘树正在开花呢！在中国蝴蝶的传说中，说到梁山伯与祝英台“同窗共读”“十八里相送”“抗婚”“化蝶”的故事，那是无人不知、无人不晓的。“化蝶”说的是祝英台跳进梁山伯的墓中，和梁山伯化为一对蝴蝶，在附近的柑橘林上空翩翩飞舞。在讲到一个章节时，我为了烘托气氛，还用到了一台在当时看来还是很时髦的录放机，一曲小提琴独奏《梁祝》听得同学们如痴如醉。正当大家沉浸在《十八里相送》那段优美动人的旋律之中时，“蝴蝶，老师快看！祝英台来啦！”坐在靠窗位置的甘一枚同学指着窗外的一棵柑橘树，兴奋地大声喊着。原来是一只翅翼黑色、后翅中域有白斑和红斑的雌性玉带凤蝶，只见它用足稳稳地抓住叶缘，产下了一枚黄色的卵。“老师产卵啦！”甘同学又一次地大声喊叫，引得同学们“哈哈”大笑，原来她太激动了，将“蝴蝶产卵”说成了“老师产卵”。在江浙一带，梁祝传说中“化蝶”说的正是这种玉带凤蝶呢！讲座刚结束，坐在后排的王校长就冲上讲台，紧紧地握着我的手说："蝴蝶老师，我们学校还种有许多植物，如果它们也是其他蝴蝶的寄主植物，我们来组织蝴蝶兴趣小组，让同学们观察和记录后，再在树上挂个科普解说牌。"

一年以后，这个"校园蝴蝶园"兴趣小组有了雏形，高年级同学在园中蝴蝶寄主植物上挂植物名字和蝴蝶名字的小牌子有：樟树——青凤蝶，马兜铃——灰绒麝凤蝶、丝带凤蝶，朴树——朴喙蝶，决明——宽边黄粉蝶，柑橘——玉带凤蝶，茴香——金凤蝶，葎草——琉璃蛱蝶，苎麻——大红蛱蝶。低年级同学则围在园中马兜铃的旁边，观赏着像微型风筝的拖有长长丝带的丝带凤蝶。百日菊上，碧凤蝶双翅闪着金属的光泽；围墙边一棵满枝有刺的花椒叶上藏有一小坨白色的"鸟粪"，而这"鸟粪"竟是柑橘凤蝶的初龄幼虫；取食紫花地丁的斐豹蛱蝶的成虫雌雄异型，它们的蛹倒悬着，蛹体上还有金色的斑点……

至今，我还保存着蝴蝶兴趣小组廿一枚同学通过观察做的记录呢！"每年4月，只要柑橘树上的花苞挂满枝头，玉带凤蝶雌蝶就会在花苞旁的嫩叶上产下直径约1mm的卵。刚产下的卵由淡黄色变为深黄色，孵化前由灰黑色变为紫黑色，这一变化要6—7天。1龄幼虫出壳后，不会急着去取食嫩叶，而是直接大口大口地将自己的卵壳吃得一干二净。1～3龄幼虫身体上有灰黄色、黄褐色和黑褐色肉质突起，看起来像鸟粪。到4龄时，幼体开始有绿色出现，5龄幼虫体长可达4～5cm。受惊吓时，幼虫会将黄褐色的头凹成圆形，让身体上的眼斑纹得以充分显现，并从前胸背部翻出红色臭腺，臭腺的怪味能让天敌'知臭而退'。化蛹前，5龄幼虫会吐出丝垫和丝圈，然后安安静静地钻进丝圈等待化蛹。5龄幼虫所找的预蛹的附着物颜色不同，所以化蛹后的蛹色也会不同，有灰褐色和灰绿色两种。蛹头顶两侧和胸背部各有1个突起，胸背突起两侧略突出，似菱角。"

第四章

4

校园物种调查报告

南京师范大学仙林校区野生动物观察报告

龚德文

1. 校园环境

南京师范大学仙林校区位于南京市栖霞区仙林大学城最西侧，西望紫金山，东瞰栖霞山，占地约 180 万平方米。校内自然生境丰富多样，不仅有针阔混交林、落叶阔叶林、竹林、灌丛等林地，更有湖泊、池塘、河流、芦苇荡等水域景观。南师师生在工作学习之余，可以坐于文苑河边听流水潺潺，行于采月湖畔领略鸟语花香。前山与后山曲径通幽，是众多野生动物的天堂。

2. 社团概况

“南师自然社”成立于 2018 年。多年来，该社举办了多场系列活动：夏季夜观、校园鸟类观测、生科院博物馆讲解、昆虫标本制作、基于红外相机的野生动物监测等。活动旨在记录校园内的野生动物以及为南师学子科普自然知识。截至目前，活动共记录鸟类 152 种，兽类 9 种，两栖类 6 种，爬行动物 10 种，蝴蝶 45 种（其他无脊椎动物及水生动物暂无系统性整理）。

3. 观察记录

从地理位置划分，南京师范大学仙林校区的野生动物分布区 / 自然观察样线主要可分为四大块：文苑河—芳菲池一线、采月湖—植物园一线、前山、后山。

文苑河—芳菲池一线西起 3 号门，东至芳菲池，南邻文苑路。文苑路以北为校园区域，沿河栽有柳树、樱树、桃树等花木。春季，这里花团锦簇、万紫千红、蜂蝶飞舞；夏季则有大量的扁锹甲、白条天牛、桃红颈天牛在此活动。河道内水位较浅，西线有白胸苦恶鸟完整的越冬记录，也有红脚田鸡、斑嘴鸭、白鹭、夜鹭等常见鸟类栖息。东线芳菲池一带有一座小岛和一片芦苇丛，迁徙季曾有寿带、山鹡鸰、黑眉苇莺等“稀客”到访，也是黑水鸡和小䴙䴘筑巢、繁殖的场所。河道有一段为落差较大的急流区，冬季常见灰鹡鸰在此觅食。该线沿岸常有横枝伸出，为普通翠鸟提供了视野开阔的捕鱼平台。同时，沿线岸边有落脚之处，是椋鸟、乌鸫等鸟类的天然浴场。

采月湖—植物园一线位于校园中部区域，南边为厚生亭小土丘，植被繁盛多样。其中一片区域的香樟林能在冬季引来大量鸫类前来取食。北侧为线路主体部分——采月湖，宽阔、洁净的水体养育了众多水生动物。夕阳西下、浮光跃金，成群的鳌和翘嘴鲌在水面游动，五颜六色的高体鳑鲏、中华鳑鲏也给水底世界添上了一抹色彩。每年春季，这里都有斑嘴鸭繁殖的记录。鹭鸟种类众多，夜鹭、白鹭都是这里的常住客，夏季更有池鹭、绿鹭在此徘徊。植物园位于采月湖以西，此处常有黄鼬活动，冬季北红尾鸲和红胁蓝尾鸲也十分常见，园内数十棵深山含笑能招引碎斑青凤蝶前来产卵，园内有一小池塘，栖息有众多常见蛙类。从初春到深秋，泽陆蛙、北方狭口蛙、镇海林蛙会在此轮番一展歌喉。

前山位于南京师范大学仙林校区中部，采月湖西侧，敬文图书馆北侧，学林路以南。山上植被丰富，鸟兽众多，架设的红外相机时常能记录到野猪、狗獾、鼬獾等兽类。众多芸香科植物吸引着碧凤蝶、玉带凤蝶、柑橘凤蝶，多种朴属植物也招引来了朴喙蝶、黑脉蛱蝶、拟斑脉蛱蝶。逐日塔附近有一处高而开阔的平地，不仅可俯瞰金陵胜景，还是春秋季节监测猛禽的好地点，林雕、凤头蜂鹰、红脚隼、燕隼等记录均出自此处。不远处有几棵不高的乔木，在迁徙季时能吸引不少鹟科鸟类休憩停留。前山植被覆盖率高，林下常有黑领噪鹛、黑脸噪鹛、画眉等鸟类活动，夏季有灰卷尾、黑枕黄鹂、白眉姬鹟等，冬季有灰背鸫、黄雀、黄腰柳莺等。

后山位于南京师范大学北区和新北区之间，学林路以北。郁郁葱葱的林冠、攀缘的葛藤形成了封闭的丛林，导致此处鸟类较少，成为爬行动物、节肢动物的天堂。东北刺猬和野猪常在此觅食、活动，王锦蛇、赤链蛇也是此区域的常客。炎炎烈日下，蓝尾石龙子、宁波滑蜥在石缝和草丛间一闪而过，只留下一道身影。闷热的盛夏夜晚，潮湿的落叶和泥土散发出独有的气息，燕山蛩、灰尖巴蜗牛遍布满地；络新妇蛛、鞭蝎、少棘蜈蚣埋伏在各处，等待着猎物的到来；中华大锹甲、扁锹甲、双叉犀金龟“嗡嗡”地飞过，寻找着流汁的麻栎，并为了一口汁液而大打出手。

南京师范大学仙林校区野生动物的多样性极为丰富，只待一双善于发现的眼睛。只要大家多多留意身边，仔细观察，就一定能发现不少有趣的物种。希望大家对身边的野生动物心存敬畏，保持好奇，积极探索，更加深入地了解大自然。

常见物种统计表

哺乳类			
东北刺猬	★★	野猪	★
黄鼬	★★★	华南兔	★★
鼬獾	★★	褐家鼠	★★★
狗獾	★		

鸟类			
灰胸竹鸡	★★★	银喉长尾山雀	★★★
斑嘴鸭	★★★	红头长尾山雀	★★★
小䴙䴘	★★★	大山雀	★★★
山斑鸠	★★★	黑脸噪鹛	★★★
珠颈斑鸠	★★★	棕头鸦雀	★★★
黑水鸡	★★★	八哥	★★★
夜鹭	★★★	丝光椋鸟	★★★
白鹭	★★★	灰椋鸟	★★★
黑鸢	★★★	乌鸫	★★★
普通翠鸟	★★★	鹊鸲	★★★
星头啄木鸟	★★★	紫啸鸫	★★
大斑啄木鸟	★★★	北红尾鸲	★★★
灰喜鹊	★★★	红胁蓝尾鸲	★★★
喜鹊	★★★	白腰文鸟	★★★
红嘴蓝鹊	★★★	麻雀	★★★
灰树鹊	★★★	树鹨	★★★
金腰燕	★★★	灰鹡鸰	★★
白头鹎	★★★	白鹡鸰	★★★
黄腰柳莺	★★★	燕雀	★★

两栖类和爬行类			
中华蟾蜍	★★★	多疣壁虎	★★★
北方狭口蛙	★★★	宁波滑蜥	★★
镇海林蛙	★★	蓝尾石龙子	★★
泽陆蛙	★★★	王锦蛇	★
饰纹姬蛙	★★		

无脊椎动物			
扁锹甲	★★★	黄钩蛱蝶	★★★
中华大锹甲	★★★	猫蛱蝶	★★★
双叉犀金龟	★★★	黑脉蛱蝶	★★★
异色瓢虫	★★★	酢浆灰蝶	★★★
红珠凤蝶	★★★	琉璃灰蝶	★★
柑橘凤蝶	★★★	朴喙蝶	★★
青凤蝶	★★★	玉带蜻	★★★
玉带凤蝶	★★★	金环胡蜂	★★★
菜粉蝶	★★★	黄胸木蜂	★★
斐豹蛱蝶	★★	燕山蛩	★★★
拟斑脉蛱蝶	★★	少棘蜈蚣	★★★
柳紫闪蛱蝶	★★★	络新妇蛛	★★★
琉璃蛱蝶	★★★	大腹园蛛	★★★
小红蛱蝶	★★	灰尖巴蜗牛	★★★

表中“★”为常见指数，其标准判定如下：累计观察五年以上的，标“★★★”；累计观察三年以上、五年以下的，标“★★”；累计观察一年以上、三年以下的，标“★”；仅发现过一次的，在括号内标注时间。

南京林业大学野生动物观察报告

周　延　刘泽洋　张佳凝　谢启骅
于明慧　姚凯平　古林友　洪　奕

1. 校园环境

南京林业大学新庄校区占地约 84 万平方米，位于南京市玄武区中心地带，西邻玄武湖，南倚紫金山。校园自然景观多样，主要水域为小型池塘及水泥硬化河道，林地类型主要包含常绿及落叶阔叶林、针叶林、竹林和灌丛。

2. 社团概况

“南林自然博物协会”成立于 2016 年。该社自成立以来，致力于了解和记录南京及校园内野生动物的种类、数量以及居留状况，日常也会组织成员们到校园及周边地区，对原生物种进行观测活动，例如昆虫观察、鸟撞调查、后山夜观、猛禽监测、高校鸟赛等活动。从 2021 年开始，本社成员们自发地整理和收集校园内的物种记录，截至 2024 年 4 月 5 日，现已有明确记录两栖动物 1 目 3 科 4 属 7 种，爬行动物 1 目 3 科 6 属 6 种，鸟类 14 目 37 科 77 属 111 种，兽类 5 目 5 科 6 属 6 种，鱼类 5 目 7 科 14 属 16 种，无脊椎动物由于种类繁多，暂未系统性地整理和统计。

3. 观察记录

南京林业大学东北侧环绕着一片低缓丘陵，次生植被甚为茂密，以朴树、榆科和壳斗科树种构成的混合林覆盖其上，是校园内生物多样性最丰富的区域，校园中大部分的陆生脊椎动物记录皆来源于此处。一年四季，林间常有松雀鹰、凤头鹰、斑头鸺鹠等猛禽在此活动，黑鸢也常常低飞掠过树林上空，噪鹛和啄木鸟也偏爱在林中觅食。除了寒冷的严冬，一年中的其他时节，每当太阳落山以后，后山的小兽就会活跃起来，既有稳如泰山、慢悠悠寻找食物的东北刺猬，又有慌慌张张、在灌丛中一掠而过的鼬獾。得益于玄武湖畔、紫金山背的地理位置，每当春秋两季迁徙季，还有不少鹟类、鸫类、歌鸲类的小林鸟会在此地歇息，一些在南京极为罕见的种类如黄眉姬鹟、冠纹柳莺、蓝歌鸲等也曾短暂出现过，它们行踪隐秘，很难再次被观察到。在林地厚厚的落叶层中，不只有忙碌的豹蛛和獾蛛，还常常可见细小的宁波滑蜥在其间穿梭，偶尔也可见小弧斑姬蛙和北方狭口蛙隐藏在此处。

在校园中心偏西侧的位置，坐落着一座座院楼和实验楼，其间环抱着一块块被称为“中央绿地”的绿地，此处树种组成较为多样化，主要为悬铃木科和木兰科、蔷薇科、柏科的乔木，灌木不多且稀疏，是学校里相关专业的同学进行树木学或植物学学习的主要场所。夏季的夜晚，在这儿偶尔会碰见游走的赤链蛇，有时也会看到黄鼬从这儿警觉地溜过，流着树汁的大型乔木吸引了大量的白条天牛、裸角天牛、扁锹甲、苎麻夜蛾、少棘蜈蚣、双线巨蓬蛞蝓等无脊椎动物；等到了白天，又会换一批访客：指角蝇、日伪阔花金龟、白带螯蛱蝶、桃红颈天牛等。周围高大繁茂的乔木为鸟类提供了良好的活动场所，常常可见乌鸫、鹊鸲、红嘴蓝鹊在粗枝细叶间飞舞，运气极好的同学也曾碰见过火红且美丽的山椒鸟，到了傍晚或清晨时分，或许还可见到斑头鸺鹠伫立于高枝之上。几处较为茂盛的低矮树丛，给一些谨慎怕人的鸟类提供了安全的庇护所，迁徙季常有红尾歌鸲在此短暂出现，曾经也有乌灰鸫一家选择于此安家，繁衍生息。

校园内的水域范围不大，除了几个小池塘，只有一条紫湖溪横贯整个校园。紫湖溪两岸虽然已经被水泥硬化，但它作为校园内面积最大的水体，几乎所有亲水的鸟类都记录于此。过去曾发现此处有极少见的白腰草鹬；白鹭是这里的常客；夜鹭会在夜间造访此处；偶然会瞥见一道亮蓝色的“闪电”急速掠过水面，这是普通翠鸟留下的身影；习惯摇摆长尾巴的灰鹡鸰有时也会来此处停歇；紫啸鸫作为地主，会在此地求偶、繁衍后代。据钓鱼的朋友所述，紫湖溪的水坝上曾出现过翘嘴鲌、鲤鱼、鲫鱼、白条鱼、子陵吻虾虎鱼等鱼类，甚至出现过从玄武湖洄游上来的鲢鱼、鳙鱼。校内大部分小池塘的周围都被水泥硬化了，塘中有些鲤鱼、食蚊鱼等鱼类，螳蝎蝽、负子蝽等水生昆虫也会伴随着侧褶蛙类的鸣声在夏夜出场。

这里是落英缤纷、鸟鸣啾啾的南林，虽居于热闹的城市之中，但校园内的树木枝繁叶茂，小山上百鸟争鸣，幽静处蛇兽蛰伏，这使得热爱自然的学子们在忙碌的求学过程中也能够享有片刻的自然野趣。

常见物种统计表

哺乳类			
东亚伏翼	★★★	褐家鼠	★★★
东北刺猬	★★★	黄鼬	★★★
赤腹松鼠	★★★	鼬獾	★★★

鸟类			
山斑鸠	★★★	白头鹎	★★★
珠颈斑鸠	★★★	黑脸噪鹛	★★★
黑鸢	★★★	乌鸫	★★★
灰喜鹊	★★★	鹊鸲	★★★
喜鹊	★★★	麻雀	★★★
大山雀	★★★	白鹡鸰	★★★

两栖类和爬行类			
中华蟾蜍	★★★	多疣壁虎	★★★
北方狭口蛙	★★★	宁波滑蜥	★★★
饰纹姬蛙	★★★	赤链蛇	★★★
小弧斑姬蛙	★★★	黑眉锦蛇	★★★

无脊椎动物			
黑纹粉蝶	★★★	广鹿蛾	★★★
菜粉蝶	★★★	重阳木锦斑蛾	★★★
大红蛱蝶	★★★	少棘蜈蚣	★★★
黄钩蛱蝶	★★★	大蚰蜒	★★★

表中“★”为常见指数，其标准判定如下：累计观察五年以上的，标“★★★”；累计观察三年以上、五年以下的，标“★★”；累计观察一年以上、三年以下的，标“★”；仅发现过一次的，在括号内标注时间。

东南大学九龙湖校区野生动物观察报告

左居敬　常兆骏　杜禹辰　王子昊　黄子昱　张燕宁

1. 观察目的

九龙湖校区曾经为村镇，其以水田为主体的环境成为许多动物生存的家园。东南大学九龙湖校区自成立以来，一幢幢建筑拔地而起，一部分环境发生了较大的变化，因此，我们对校区内动植物的分布进行调查是有一定必要性的。通过此次调查，我们可以进一步了解城市化对于生物分布情况的影响。

2. 环境综述

东南大学九龙湖校区位于南京市江宁区，占地 250 多万平方米，北接九龙湖，西邻牛首山，东靠秦淮河和方山。校内景观多样，有针叶林、落叶阔叶林、常绿阔叶林、竹林、灌丛、旱地、湖泊、池塘、溪流、水洼等，为各类生物栖息提供了适宜的环境。“九龙湖野生动物园”既是对其的戏称，也是美誉。由于人工建筑的分布，校内植被分布有着明显的板块划分，因此在不同的区域，动物分布也有一定的差异性。大草坪—草坪南荒地区域有着东大最独特的生境，大片的草坪往往能吸引来一些独特的鸟类。平日里，喜鹊、白鹡鸰、灰椋鸟和珠颈斑鸠是大草坪的常客，我们总能看到它们忙于觅食的身影。在不远处的荒地里，小小的水坑中常常藏匿着斑嘴鸭和绿头鸭的身影。夏日里，灰头麦鸡成了草坪和荒地区域的一霸，高亢的叫声驱赶着侵入它们领地或巢穴的一切生物，希望它们能够一直在东大顺利繁殖。在迁徙季里，大草坪为东大增添了不少高光时刻，黄腹鹨和云雀曾在秋迁尾声的草坪上频频现身。此外，红喉鹨、田鹨等鸟类也成为春迁之际的一抹抹亮色。梅园物理实验楼后的树林是校内鹃形目的主要栖息地，夏日到来后，无论日夜，都能听到大鹰鹃、噪鹃和四声杜鹃的叫声。茂密的林子为灰树鹊和红嘴蓝鹊提供了理想的生活环境。繁殖季时，林子中灰胸竹鸡的鸣叫也十分频繁。在迁徙季时，树冠中或灌木中也偶有极北柳莺等小巧的旅者路过。学校的西北角由九龙湖的一部分和校友林组成。九龙湖靠近九曲桥的地方有三条小小的石堤，上面树丛茂密，即便是冬天，也是绿葱葱一片，这儿便成了鸟儿捕食的天堂。行人走过，经常会惊飞几只夜鹭或白鹭。斑鱼狗常在湖上悬停，发现鱼儿后，会一个猛子扎进水中。运气好时，还会见到普通翠鸟站在临水的枝丫上，对着水面虎视眈眈。斑嘴鸭也喜欢在这儿停留，有时会卧在堤上打盹。校友林部分区域靠近河道，河边有一条窄窄的步道，步道两侧分别为陡坡和水体，湿度差异明显，这为不同生物栖息提供了相应的环境。

3. 观察记录

东南大学“野望自然协会”成立于 2024 年，在成立之前，社员们就已经相聚一起，系统性地记录了校园内野生动物的种类及分布，对校内的鸟类、兽类、昆虫、植物乃至真菌也有一定的记录。截至目前，协会成员在学校内共记录到鸟类 80 多种，兽类 5 种，无脊椎动物 70 多种。

常见物种统计表

鸟类			
麻雀	★★★	乌鸫	★★★
金翅雀	★★	红尾鸫	★★★
黄雀	★	斑鸫	★★★
领雀嘴鹎	★★	虎斑地鸫	★
白头鹎	★★★	燕雀	★★★
红耳鹎	★	黑尾蜡嘴雀	★★★
喜鹊	★★★	黄腹山雀	★★
灰喜鹊	★★★	大山雀	★★★
灰树鹊	★★	黄腰柳莺	★★★
红嘴蓝鹊	★★★	黄眉柳莺	★★★
鹊鸲	★★★	斑文鸟	★★
红胁蓝尾鸲	★★★	白腰文鸟	★★
北红尾鸲	★★★	棕头鸦雀	★★★
北灰鹟	★	暗绿绣眼鸟	★★
鸲姬鹟	★	灰头鹀	★★★
丝光椋鸟	★★★	黄喉鹀	★★
灰椋鸟	★★★	云雀	★
黑领椋鸟	★★★	戴胜	★★★
八哥	★★★	普通翠鸟	★★
树鹨	★★★	斑鱼狗	★★
白鹡鸰	★★★	珠颈斑鸠	★★★
黄鹡鸰	★	山斑鸠	★★★
灰鹡鸰	★★	灰头麦鸡	★★★
黄腹鹨	★★	白腰草鹬	★
红喉鹨	★	林鹬	★
黑脸噪鹛	★★★	黑水鸡	★★★
棕背伯劳	★★★	夜鹭	★★★
银喉长尾山雀	★★★	池鹭	★★★
红头长尾山雀	★★★	白鹭	★★★

续表

鸟类			
黄苇鳽	★★	鹌鹑	★
小䴙䴘	★★★	灰胸竹鸡	★★★
绿翅鸭	★★★	星头啄木鸟	★★★
豆雁	★	斑姬啄木鸟	★
斑嘴鸭	★★★	大鹰鹃	★★★
雀鹰	★	四声杜鹃	★★★
黑鸢	★★	噪鹃	★★★
凤头鹰	★★	红隼	★★
松雀鹰	★	普通鸬鹚	★
斑头鸺鹠	★★★	纯色山鹪莺	★★★
北领角鸮	★	东亚石䳭	★★
雉鸡	★★★		

昆虫类（直翅目专类）			
灶蟋	★★★	鼻优草螽	★★
迷卡斗蟋	★★★	钩额草螽	★★★
棺头蟋	★★★	寰螽	★★
姬蟋	★★★	负蝗	★★★
油葫芦	★★★	花胫绿纹蝗	★★★
普通树蟋	★★★	土蝗	★★★
长瓣树蟋	★★★	菱蝗	★★★
云斑金蟋	★	中华蚱蜢	★★★
双带拟蛉蟋	★	蔗蝗	★★
华东小黄蛉	★	竹蝗	★
日本钟蟋	★★	棉蝗	★
东方蝼蛄	★★★	素木蝗	★
宽翅纺织娘	★★★	长夹蝗（2022.8）	
斑翅草螽	★★★	短角外斑腿蝗（2021.7）	
长瓣草螽	★★★	车蝗（2022.9 现栖息地已被破坏）	

其他类			
黄鼬	★	多疣壁虎	★★
中华蟾蜍	★★★	玉带蜻	★
黑斑侧褶蛙	★★	斑衣蜡蝉	★★
泽陆蛙	★	中华扁锹甲	★★★
桃红颈天牛	★★	双叉犀金龟	★★
华星天牛	★★	少棘蜈蚣	★★
广鹿蛾	★★★	中华婪步甲	★★★
碧伟蜓（2022.9.5）		二纹柱萤叶甲	★★
月季切叶蜂	★★	拉步甲	★★
黑壳虾	★★		

表中“★”为常见指数，其标准判定如下：累计观察五年以上的，标“★★★”；累计观察三年以上、五年以下的，标“★★”；累计观察一年以上、三年以下的，标“★”；仅发现过一次的，在括号内标注时间。

4. 观察结论

在学校建设的过程中，环境的不断改变对许多生物的分布产生了显著的影响，其中对无脊椎动物的影响最大。学校建设对于动物繁殖地的破坏会直接导致该动物数量锐减甚至消失。一部分活动能力强的动物会选择在校内另择他处筑巢和活动，数量上也有一定的变化。喜鹊、斑鸠等对城市环境适应能力强的鸟类数量反而会上升。其余动物大多退缩于校友林等开发程度较低的区域，在人类活动频繁的建筑附近则较难见到。东南大学九龙湖校区属于从乡村水田向城市过渡的阶段中，其开发还在不断进行，因而其生物种类与分布都在动态变化中，需要通过长期持续的观察，方可得出更具价值的结论。

南京农业大学卫岗校区野生动物观察报告

闫相伟　宗良纲　聂　欣　逯嘉豪
夏雨樱　唐乙丹　王钰涵

1. 观察目的

南京农业大学卫岗校区位于南京市玄武区东郊紫金山南麓，占地约61万平方米，校内景观多样，花木丛生，具备落叶阔叶林、落叶乔木、常绿阔叶林、灌木、草地、池塘等，丰富的垂直结构与水平结构为各类生物提供了适宜的生活环境。由于校园内的建筑分布与天然的地理环境，植被分布有着明显的划分，从而影响到动物的分布。

2. 环境综述

南农校区绿地植物景观主要分为带状和块状两类。带状景观主要包括梧桐大道—中央路的主轴线景观带、教学科研区带状绿地以及特色专类植物带。块状景观总体分布于教学科研区、学生生活区、体育活动区和教职工生活区。南农校区目前在绿化工作方面已取得了一定成效，校园绿地（不包含教职工家属区）可达120400平方米，乔灌木约2252株，涵盖55科、94属、124种植物，其中包括51种乡土树种。校园景观整体上缺少观花植物的应用，尤其是灌木及草本类观花卉。目前，观花植物种类较少，仅垂丝海棠、樱花、梅花、紫叶李、碧桃、紫薇、紫荆、蜡梅、广玉兰、木槿、紫藤，以及少量的杜鹃、丰花月季、荷花、睡莲，且整体观赏时期主要集中于春夏季，秋冬季观赏花卉少。

3. 观察记录

自 2017 年起，学校开始关注校园生态现状并把校内生态调研与学生教育相结合，引导学生亲近自然、学习自然、保护自然。2024 年，学校成立了“南农啾语观鸟社团”，组织校内鸟类爱好者参与防鸟撞调查、观鸟比赛、大学生观鸟营等校内外专业活动。自调研至今，学校已陆续记录到鸟类 60 种，昆虫类 17 种，其他动物 21 种。

常见物种统计表

鸟类			
黑鸢	★	棕背伯劳	★★★
四声杜鹃	★★	八哥	★★★
噪鹃	★★	灰椋鸟	★★★
大杜鹃	★★	丝光椋鸟	★★★
大斑啄木鸟	★★	黑脸噪鹛	★★★
灰头绿啄木鸟	★★	暗绿绣眼鸟	★★★
普通夜鹰	★★	红头长尾山雀	★★★
普通翠鸟	★★	银喉长尾山雀	★★★
山斑鸠	★★★	白头鹎	★★★
珠颈斑鸠	★★★	红耳鹎	★★
喜鹊	★★★	乌鸫	★★★
灰喜鹊	★★★	红胁蓝尾鸲	★★
红嘴蓝鹊	★★	黑尾蜡嘴雀	★★
灰树鹊	★★★	麻雀	★★★

昆虫类			
云斑白条天牛	★★★	黄钩蛱蝶	★★★
华星天牛	★★★	玉带凤蝶	★★★
双叉犀金龟	★★★	柑橘凤蝶	★★★
绿缘扁角叶甲	★★★	青凤蝶	★★
疑步甲	★★★	广鹿蛾	★★
星斑虎甲	★★	霸王叶春蜓	★★★
黑纹粉蝶	★★★	黑蚱蝉	★★★
菜粉蝶	★★★	斑衣蜡蝉	★★★
柳紫闪蛱蝶	★★★		

其他类			
黄鼬	★	斯氏鞭蝎	★★★
多疣壁虎	★★	燕山蛩	★★★
黑眉锦蛇	★★	粗直行马陆	★★★
中华蟾蜍	★★★	水黾	★★
泽陆蛙	★★★	络新妇蛛	★★★
黑斑侧褶蛙	★★★	大腹园蛛	★★★
麦穗鱼	★★★	普通卷甲虫	★★★
青鳉	★★★	田螺	★★★
高体鳑鲏	★★★	灰尖巴蜗牛	★★★
黑壳虾	★★★	笄蛭涡虫	★★
少棘蜈蚣	★★		

表中“★”为常见指数，其标准判定如下：累计观察五年以上的，标“★★★”；累计观察三年以上、五年以下的，标“★★”；累计观察一年以上、三年以下的，标“★”；仅发现过一次的，在括号内标注时间。

4. 观察结论

（1）学校内生物种类较为丰富，包括鸟类、昆虫类和其他类群。其中，鸟类和昆虫类的种类较多，显示了校园生态系统的健康状况。

（2）少数城市野生动物的代表类群如乌鸫、灰喜鹊、麻雀等数量多且种群稳定，说明学校生态环境稳定，是城市野生动物较为理想的栖息地。

（3）目前，调查尚不够充分，昆虫类数据明显不足。

5. 观察思考

虽然参与调查的人员并不多，记录也不成熟，但是我们已经观察到了学校具有丰富的生物多样性，并为野生动物适应城市环境的能力感到惊讶。未来，我们会继续观察野生动物在学校内的生活，并且让更多的人加入观察野生动物的行列，进而激发大家的生态环境保护意识。

南京传媒学院野生动物观察报告

徐天旸

1. 环境综述

南京传媒学院位于南京市江宁区弘景大道3666号，占地面积110.61万平方米。南传紧邻方山，再加上校园植被茂密，这为众多的野生动物提供了适宜的栖息环境。

南京传媒学院的生境主要以林地、草地、池塘、湿地为主，不同的生境使校园内有着明显的区域划分。

2. 观察记录

学校教学楼的南侧是一大片未被开发的荒地，这里人为活动较少，植被十分茂盛，主要植物有芦苇和野豌豆。大片的草丛以及芦苇吸引了多种鸟类在这里栖息，除了最常见的喜鹊、八哥、乌鸫，还能看见棕头鸦雀、纯色山鹪莺的身影。荒地的深处有一片水塘，白天，这里是一处观鸟的好地方，我们经常能看见成群的斑嘴鸭在这里聚集，偶尔还有2~3只斑鱼狗在这边觅食。2022年，我们曾经观察到一窝黑水鸡在这里筑巢并繁育后代。有时候，黄鼬、刺猬等哺乳动物也会从这里经过。黑翅鸢是荒地上的常客，几乎每个季节都能见到它。到了晚上，教学楼南侧的荒地是两栖动物的天下，黑斑蛙、金线蛙、泽陆蛙、北方狭口蛙、饰纹姬蛙等蛙类的叫声此起彼伏。当然，在夜间，有蛙出没的地方，就有它们的天敌出现，比如蛇。据统计，学校里共发现了 4 种蛇：赤链蛇、黑眉锦蛇、王锦蛇、短尾蝮。

图书馆周边的生境主要以林地及草地为主。其中，图书馆的正后方是一片常绿阔叶林，这里树丛茂密，是一个绝佳的观虫和观爬行动物的地点。有一次，在一处枯叶堆中，我们就曾发现 8 只独角仙的幼虫。小树林的路边有许多石板，如果是白天，翻开石板，下面藏着的很有可能是一只宁波滑蜥，而到了晚上，则可能会有一只少棘蜈蚣藏身于此。每年 6 月，可以去那种充满发酵味的柳树上找一找，因为那里很有可能会趴着一只扁锹甲在吸食树汁。

图书馆的南侧有一处草地，每年的春夏时节，都会有灰头麦鸡在此出现，由于灰头麦鸡的叫声过大，几乎整个校园都能听见它们的叫声。2024 年，我们观察到它们在校园里已经开始有稳定的落脚点了，甚至已经有了繁育后代的行为。在校园中，能和灰头麦鸡媲美的貌似只有灰胸竹鸡了，它们生活在图书馆北侧的树林当中，叫声非常有辨识度，类似于“聚宝盆，聚宝盆”。灰胸竹鸡却并不容易见到，目前在校内仅见过两次，其他时间仅仅能听见它们的声音。

图书馆的正前方是一条水渠，水渠旁边树丛茂密，黑脸噪鹛的叫声此起彼伏，中间还夹杂着珠颈斑鸠的声音。在春季，水渠中会聚集大量的蟾蜍蝌蚪，它们给水渠的常客白鹭提供了丰富的食物。

A4 湖—行政楼一带是学校最具代表性的地方，这两处的生境主要以池塘为主，所以我们经常能见到一些以鱼为食的鸟类。在 A4 湖，除了学校饲养的黑天鹅和大白鹅，经常有白鹭出没。有时候，我们能在 A4 湖边看见白鹭探着脑袋一步一步地走，没一会儿，它就能抓住一条鱼。如果运气好的话，还能看见翠鸟，它们经常是发出清脆的叫声后迅速飞走，我们只能看到一个宝石蓝的身影快速掠过。此外，白鹡鸰也会经常在河岸边出没。到了冬天，湖中央还能看见小䴙䴘的身影。在 A4 湖的南侧，靠近实验楼的区域有一处芦苇丛，每年春季鸟类迁徙时，我们都能看到一些小型的鸟出没于芦苇丛之间，如北红尾鸲等，偶尔也能看见中华攀雀。

A4 湖作为一个池塘生境，鱼的种类也不少。夜间，子陵吻虾虎鱼和波氏吻虾虎鱼会伏在水底。水的上层，青鳉鱼会成群结队地游来游去，它们最显著的特征是眼睛非常亮。一些被水泥硬化的岸边，黄鳝会将水泥的孔洞作为自己的巢穴。一些较深的水域，偶尔也能看见乌鳢和土鲶这样的肉食性鱼类，甚至能够记录到大口黑鲈这样的外来入侵物种。

南传由于紧邻方山，还是一片生物多样性较丰富的土地。在这座艺术气息浓厚的校园里，树丛间百鸟齐飞，夜间虫鸣蛙歌不绝于耳，也许在我们看不见的角落，就有一片未知的生物王国。

常见物种统计表

哺乳类			
东亚伏翼	★★★	赤腹松鼠	★★★
黄鼬	★★★	东北刺猬（2024.6.4）	

鸟类			
灰胸竹鸡	★★	夜鹭	★★★
雉鸡	★★	池鹭（2022.4.24）	
斑嘴鸭	★★★	牛背鹭（2022.6.1）	
绿头鸭	★★	黑翅鸢	★★
小䴙䴘	★★★	黑鸢（2022.4.6）	
白鹭	★★★	红隼	★★

续表

鸟类			
红脚田鸡	★★	金腰燕	★★★
扇尾沙锥（2022.4.17）		银喉长尾山雀	★★★
黑水鸡	★★★	红头长尾山雀	★★★
灰头麦鸡	★★★	纯色山鹪莺	★★★
白腰草鹬（2021.12.11）		黑脸噪鹛	★★★
珠颈斑鸠	★★★	棕头鸦雀	★★★
山斑鸠	★★★	八哥	★★★
斑鱼狗	★★	丝光椋鸟	★★★
普通翠鸟	★★★	灰椋鸟	★★★
红尾伯劳	★★★	乌鸫	★★★
棕背伯劳	★★★	斑鸫	★★★
灰喜鹊	★★★	鹊鸲	★★★
喜鹊	★★★	北红尾鸲	★★★
黄腹山雀	★★	麻雀	★★★
大山雀	★★★	白腰文鸟	★★
中华攀雀（2022.3.25）		白鹡鸰	★★★
领雀嘴鹎	★★★	黑尾蜡嘴雀	★★★
白头鹎	★★★	大斑啄木鸟（2024.6.4）	
家燕	★★★		

两栖类和爬行类			
黑斑侧褶蛙	★★★	宁波滑蜥	★★★
金线侧褶蛙	★★★	多疣壁虎	★★★
泽陆蛙	★★★	短尾蝮（2024.6.17）	
饰纹姬蛙	★★	黑眉锦蛇	★★
北方狭口蛙	★★★	赤链蛇	★★
中华蟾蜍	★★★	王锦蛇	★★

鱼类			
麦穗鱼	★★★	小黄黝鱼	★★★
青鳉	★★★	黄鳝	★★★
高体鳑鲏	★★★	子陵吻虾虎鱼	★★★
鳙	★★	波氏吻虾虎鱼	★★
鲤	★★	鲇	★★★
鲫	★★★	乌鳢	★★★
鳘	★★★	大口黑鲈	★★★
棒花鱼	★★★		

无脊椎动物			
双叉犀金龟	★★★	蝎蝽	★★★
扁锹甲	★★★	大腹园蛛	★★★
云斑白条天牛	★★★	管巢蛛	★★★
中华裸角天牛	★★★	小悦目金蛛	★★★
疑步甲	★★★	络新妇蛛	★★★
拉步甲	★★★	少棘蜈蚣	★★★
青凤蝶	★★★	斯氏鞭蝎	★★★
麝凤蝶	★★★	燕山蛩	★★★
柑橘凤蝶	★★★	粗直行马陆	★★★
酢浆灰蝶	★★★	隐带马陆	★★★
菜粉蝶	★★★	美肢马陆	★★★
黄钩蛱蝶	★★★	灰尖巴蜗牛	★★★
玉带蜻	★★★	双线嗜粘液蛞蝓	★★★
霸王叶春蜓	★★	狮纳蛞蝓	★★★
广鹿蛾	★★★	笄蛭涡虫	★★★
丝绵木金星尺蛾	★★★	克氏原螯虾	★★★

表中“★”为常见指数，其标准判定如下：累计观察五年以上的，标“★★★”；累计观察三年以上、五年以下的，标“★★”；累计观察一年以上、三年以下的，标“★”；仅发现过一次的，在括号内标注时间。

南师附中新城初中野生动物观察报告

涂伟立　彭　帅　杨筱曼　朱熹微　廖晨辉
张　璇　张睿珊　姜　南　林雨霏

1. 观察目的

南京河西地区曾经是农田遍地、水网密布的城市郊区。21 世纪初，南京区划调整，创建新城，该地域迎来发展机遇，后经过 20 年的快速发展，河西已经成为重要的商业中心。河西中部毗邻长江，地势平坦，曾经盛产莲藕、慈姑、菱角的水田、池塘经现代化改造之后，高楼林立，交通发达，楼盘众多，原生绿地大幅度减少，大量湿地被改造为城市用地，生态发生了较大改变。近年来，区域内重视城市绿化，园林植物种类丰富；大力整治河道，净化空气；不断兴建公园，改善居住环境。我们在此处进行生态观察，可为城市生态变化以及环境恢复提供研究样本。

2. 环境综述

南师附中新城初中位于南京市黄山路 123 号，地处河西中部，占地面积 26012 平方米，地势平坦。学校西面、北面临街；东面、南面被小区包围，南面部分靠近人工渠。校园曾为周边楼盘建设规划中的一部分，故绿化方案和周边小区趋同。目前，校园有树木 30 多种，多用于道路及庭院美化。学校西大门有竹林、水杉林和棕榈园；环校园道路种植香樟、银杏、广玉兰；楼庭间杂植观赏树种日本晚樱、紫叶李、垂丝海棠、梅花、鸡爪槭、桂花等；果树区经过车位改造之后，仅留下少许枇杷树和石榴树；围墙处有蔷薇和珊瑚树。除此之外，还杂植海桐、黄杨、石楠、杜鹃等植物景观球或景观带。地面铺设人工草坪或种植麦冬，其余为野生杂草，如波斯婆婆纳、紫花地丁、荠菜、酢浆草、繁缕、黄鹌菜、一年蓬等城市常见野生植物，2021 年发现马兜铃。校园内还有两块人工水域，面积较小。总体而言，校园植被为常见种类，呈区块化分布，面积有限，生境较为单一，并且受到人类活动影响非常频繁。

3. 观察记录

从 2015 年学校参与南京市蝴蝶监测活动以来，校园野生动物观察也逐渐被师生重视。起初，蝴蝶为重点观测对象，后逐步扩展到其他物种，主要观察方法为定点观察和随机观察。学校积极开设自然观察类社团，并结合社团课程进行学习、观测、守护、探究。2023 年又创建“川野 & 星辰”科普科幻社，创设语文和生物等学科融合课程，积极开展科普教育。从 2015 年到现在，学校观测到蝶类 23 种，鸟类 24 种，并积极为观测到的物种进行分类定种。

3.1 常见物种统计表

鸟类			
喜鹊	★★★	白鹭	★
灰喜鹊	★★★	北红尾鸲	★
珠颈斑鸠	★★★	棕脸鹟莺（2022.12.5）	
黑脸噪鹛	★★★	银喉长尾山雀	★★★
白头鹎	★★★	红头长尾山雀	★★★
麻雀	★★★	凤头鹰	★
鹊鸲	★★★	黑鸢	★
乌鸫	★★★	金腰燕	★★
白鹡鸰	★★★	牡丹鹦鹉(2022 推测是养殖逃逸)	
灰椋鸟	★★★	黄腰柳莺	★
丝光椋鸟	★★★	灰背鸫（2022.10.30）	
夜鹭	★	八哥	★★

昆虫类（蝴蝶专类）			
菜粉蝶	★★★	柑橘凤蝶（2025.4.11）	
黄尖襟粉蝶 (2017.3.17)		青凤蝶	★★★
尖翅银灰蝶	★	白带螯蛱蝶（2016.5.17）	
宽边黄粉蝶	★★★	直纹稻弄蝶	★★
红灰蝶	★★	雅灰蝶（2020.11.5）	
酢浆灰蝶	★★★	黑纹粉蝶	★
黄钩蛱蝶	★★★	柳紫闪蛱蝶	★★
中华麝凤蝶	★	小环蛱蝶	★
红珠凤蝶	★★	琉璃灰蝶	★★
碧凤蝶（2016.6.13）		蓝灰蝶	★
玉带凤蝶	★★★	拟斑脉蛱蝶	★

其他类			
黄鼬	★	玉带蜻	★
黑眉锦蛇	★	黄蜻	★
中华蟾蜍	★★★	东方艳星花金龟	★★
黑斑侧褶蛙	★★	斑衣蜡蝉	★★
泽陆蛙	★	黑蚱蝉	★★★
桃红颈天牛	★★	金黄指突水虻（2020.6.10）	
华星天牛	★★	三角璃尺蛾（2021.4.29）	
光肩星天牛（2016.5.30）		苹果枯叶蛾（2023.9.28）	
星斑虎甲（2023.6.27）		马尾松毛虫	★
广鹿蛾	★★★	线丽毒蛾（2018.8.5）	
碧伟蜓（2022.9.5）		三突伊氏蛛 (2019.4.5)	
月季切叶蜂	★★	黄尾小蟌	★★
黑壳虾	★★	褐斑异痣蟌	★★
多疣壁虎	★★	中华异喙蜾蠃（2024.6.9）	

表中“★”为常见指数，其标准判定如下：累计观察五年以上的，标“★★★”；累计观察三年以上、五年以下的，标“★★”；累计观察一年以上、三年以下的，标“★”；仅发现过一次的，在括号内标注时间。

3.2 马兜铃及寄主蝴蝶观察记录

2021 年 9 月，社团成员在学校致用楼西北角的阴凉处发现几株马兜铃植株，其种子来源不明。马兜铃是多年生藤本植物，野生于道旁和山坡上，城市新区较为罕见。在此之前，学校内部及周边从未发现过马兜铃，推测是由学校园林绿化移栽移种带进校园的。刚被发现时，马兜铃较矮小，植株稀疏，根茎柔弱，与其他野草相混杂。马兜铃为丝带凤蝶、红珠凤蝶、中华麝凤蝶、金裳凤蝶等中大型凤蝶的寄主植物，故要及时对其采取措施，避免其被当作杂草清除。

2022 年春，马兜铃再次发芽，且有繁盛之状。马兜铃叶呈卵状、三角形，基部两侧有圆形耳片，它刚长出时，攀援在周围的麦冬草上。7 月末，叶片上有被啃食的迹象，在叶背发现红珠凤蝶初龄幼虫，并且在周围茎叶上发现数十颗散点分布的蝶卵。蝶卵为橙红色，表面覆盖颗粒物。初龄幼虫全身呈红褐色，腹节具一条白色斑纹。慢慢地，幼虫身体变黑，全身具蜡质感，棘突为红色。两周后，幼虫黑色明显，准备化蛹。一个星期之后，成虫羽化，并累代繁殖。成虫身体为红色，翅膀为黑色，后翅腹面边缘有 7 个红色圆斑，中间具 3 个竖点状白斑。学校语文组和生物组设置围栏保护，并联合社团进行跟踪观察。直至当年 11 月，仍然有成虫化蛹，蛹呈淡红褐色，腹背面具 4 对耳状突起。有老师将蛹带回室内观察，在室温下，其仍有羽化现象。

2023 年 3 月，马兜铃又一次破土而出。社团成员搭建简单支架助其攀援，叶片渐密。5 月，竟有切叶蜂采集马兜铃叶。6 月，马兜铃长势良好，花苞出现。7 月，在众人的努力下，马兜铃开花，花呈弯曲喇叭状，上部暗紫，下部绿色。同时，红珠凤蝶如期而至，产卵繁育。

如今，此处更换栅栏，设立自然观察点，成为学校社团活动、新城蝴蝶监测等项目开展以及跨学科学习的重要实践场所。

野生，常见于路旁和山地上，城市中较为罕见。

马兜铃

多年生藤本植物，全株无毛，茎部木质化，根为黄褐色，具有浓郁香气，全株有毒，种子毒性较大。

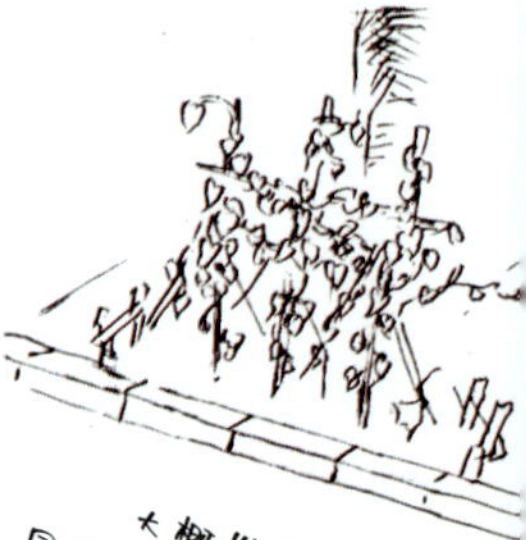

大概发现位置为校园西北角，已被保护。

叶片呈卵状三角形，叶柄长1~2厘米，较柔弱，叶脉明显。

卵整体发白，幼虫基本成型，4月至5月上旬，叶背有红珠凤蝶的卵。

5—6月
红珠凤蝶幼虫

初龄时呈橙红色，随着长大，体色逐渐变为暗红色或黑红色，胸前有白斑。（幼虫从后方向前方慢慢移动，由此看出是后驱型）

6—7月
红珠凤蝶的蛹

蛹为缢蛹，通体淡棕色，伴有白色浅纹，腹部表面有4对宽大的凸起。

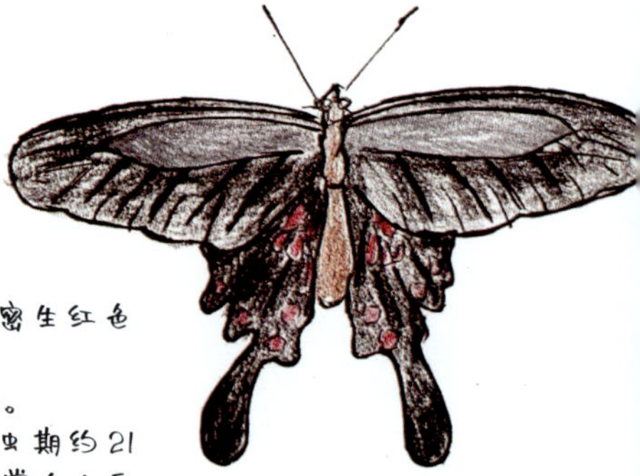

7—8月
红珠凤蝶破茧而出

形态特征：体背黑色，胸腹部末端密生红色毛，7—8月出现较多，飞行缓慢。

生长环境：马兜铃科、马兜铃属植物。

生长习性与历程：卵期约5天，幼虫期约21天，蛹期约12天，成虫飞行缓慢，常在山区路旁的花丛中飞舞或访花、吸蜜。

感悟：一只卵蜕变成了斑斓的蝴蝶，这是自然与生命的奥妙与神奇，值得我们去发现，去观察，去探索。

张睿珊　手绘

4. 观察结论

（1）我们经多年生态观察后发现，当校园及周边环境改造减少，植被生长趋向稳定之后，观察到的生物种类将逐渐丰富。校园及周边环境经历多次改造后，部分生物的连续观察就受到了阻断。例如，将果园改造成停车场之后，曾经的碧凤蝶和常见的玉带凤蝶就很难观测到了。

（2）校园生态环境与小区及人工河道融为一体，物种互为补充。该区域的本土野生植物不够丰富，人类活动极为频繁，生态平衡稳定性较弱，但当生境维持稳定一段时间后，就能出现较为完整而丰富的生态链。

（3）受环境、地形等影响，学校动物种类较少，且缺乏脊椎动物，多为常见的节肢动物。学校由于绿化引进、生物迁徙、生态绿岛效应等原因，也会出现一些不太常见的物种，这说明河西中部地区的整体环境趋于稳定并逐步改善。

（4）学校成立于 2005 年，校园植被多为人工种植，本土野生植物仍占领生态位。学校曾经连续出现过中华麝凤蝶，由此推测附近有寄主植物。现在，校园内的马兜铃发育良好，引来了从未出现过的红珠凤蝶，这说明在城市园林规划区域，本土动植物的生命力依然十分顽强。

5. 观察思考

作为环境指示生物，鸟类和蝶类的生存状态非常值得我们关注。如何在频繁变化的城市生态系统中开展鸟类与蝶类的保护，是亟待我们思考的课题。

南京市长江路小学野生动物观察报告

张　华　杜思凯　刘艺蕾　魏子祎　肖　潇

1. 观察目的

南京市长江路小学位于南京长江路 260 号，处于繁华的新街口商圈。长江路上绿树成荫，行道树为俗称“法桐”的二球悬铃木。周围高楼林立，景区密布，从梅园新村纪念馆到南京文化艺术中心、德基美术馆，营造出浓郁的古都人文气息。城市的快速发展进一步压缩了野生动物的生存空间，使得城市野生动物不得不改变习性，以适应城市环境。动物是自然生态环境中的重要构成，是不可或缺的，动物群落结构是生态环境的重要指标。为探究市区校园生物的多样性特征，南京市长江路小学主要采用样线法来进行调查，统计、分析动物群落结构的组成，为今后校园设计、改造和管理提供新的思路，为校园规划提供理论依据，引导师生更加重视生物多样性保护。

2. 环境综述

学校有三块相对独立的生态绿地，为合和园、兰亭、致和园。合和园为校园门口临近长江路的一块小绿地，约 30 平方米。兰亭为校园操场边的一整块绿地，包括高大乔木、灌木丛、草地、水池等，约800平方米，有二球悬铃木、毛白杨、紫玉兰、桂花等大型树种，也有冬青、红花檵木、鸡爪槭、山桃，水池中还有睡莲、菖蒲等。致和园为教学楼后的一块绿地，狭长且背阴，种有枇杷、紫薇、紫藤、竹子、桃树、棕榈等，约200平方米，墙外有行道树，如香樟、桑树，高8~10米。

3. 观察记录

2020年左右，校园野生动物观察开始得到师生们的重视。起初，蝴蝶为重点观测对象，后逐步扩展到其他物种，主要观察方法为定点观察和随机观察，老师和学生都可参与。

结合小学科学教材中的活动，我们开展了昆虫观测、鸟类观测、自制鸟巢等活动。借助活动，学生们可以了解昆虫的身体结构及生存条件，可以了解鸟类的特征以及飞羽和绒羽的差异，还可以体验食物链的重要意义。从2020年到现在，学校共观测到鸟类22种，昆虫29种，其他物种较少。

鸟类			
白鹭	★	黑脸噪鹛	★★
夜鹭	★	丝光椋鸟	★
黑鸢	★	灰椋鸟	★★
珠颈斑鸠	★★	八哥	★★
喜鹊	★★	白头鹎	★★
灰喜鹊	★★	鹊鸲	★★
白鹡鸰	★★	北红尾鸲	★
金腰燕	★★	乌鸫	★★
黄腰柳莺	★	麻雀	★★
银喉长尾山雀	★★	黑尾蜡嘴雀	★
红头长尾山雀	★★	金翅雀	★★

昆虫类			
东方艳星花金龟	★★	尖翅银灰蝶	★
双叉犀金龟	★★	红灰蝶	★★
华北大黑腮金龟	★★	酢浆灰蝶	★★
华星天牛	★★	红蜻	★★
云斑白条天牛	★★	玉带蜻	★★
异色瓢虫	★★	蓝纹尾蟌	★★
黄钩蛱蝶	★★	黑蚱蝉	★★
小环蛱蝶	★	斑衣蜡蝉	★★
大红蛱蝶	★★	黑翅土白蚁	★★
菜粉蝶	★★	东方蝼蛄	★★
宽边黄粉蝶	★★	月季切叶蜂	★★
黑纹粉蝶	★	普通长脚胡峰	★★
红珠凤蝶	★★	东方蜜蜂	★★
玉带凤蝶	★★	细角黾蝽	★★
青凤蝶	★★		

其他类			
黄鼬	★	黑壳虾	★★
黑眉锦蛇（2023.6.11）		蚰蜒	★★
多疣壁虎	★★	少棘蜈蚣	★★
中华蟾蜍	★★	大腹园蛛	★★
泽陆蛙	★		

表中“★”为常见指数，其标准判定如下：累计观察五年以上的，标“★★★”；累计观察三年以上、五年以下的，标“★★”；累计观察一年以上、三年以下的，标“★”；仅发现过一次的，在括号内标注时间。

4. 观察结论

（1）学校面积较小，所记录物种较少，且均为常见野生动物，动物群落结构较差，这也是市区学校的通病。

（2）学校里虽然物种少，但有一定数量的野生鸟类稳定生活在校园里及周边区域，鸟类是城市野生动物的代表类群。

（3）校园中的野生动物大多都集中在有绿化的区域，这说明绿化面积和植物构成是决定动物丰富度的主要因素。

5. 观察思考

相较于野外，城市环境本就不太适合野生动物生存。当然，迫于生存状况，一些如昆虫等体形较小、生存需求较小的动物，随着绿化植物一同进入城市。另一些动物，如鸟类中的椋鸟、喜鹊、斑鸠等，积极改变自己的食性、习性，也在城市中生存且非常成功。城市不仅是人类的，也是属于城市野生动物的。我们每个人都应该去欣赏野生动物独特的美，爱护身边的野生动物。

乌鸫的繁殖

魏子祎
肖　潇　手绘

这个是在高处大叫，宣示领地的乌鸫爸爸。

15天后，小乌鸫羽翼丰满，准备离巢啦！刚刚离巢的幼鸟还没有生存能力，等它慢慢学会飞行和觅食等生存技能后，才能独立生活。

这个是受到乌鸫爸爸吸引的乌鸫妈妈。

爸爸和妈妈长得不一样：爸爸（雄鸟）全身黑色，只有喙和眼圈为明黄色；妈妈（雌鸟）喙为黑灰色，喉部灰白。

13天左右，小乌鸫出壳啦！

小乌鸫（雏鸟）出壳后，爸爸（雄鸟）和妈妈（雌鸟）会一起养育它们。小乌鸫（雏鸟）的食物有蚯蚓和各种昆虫。

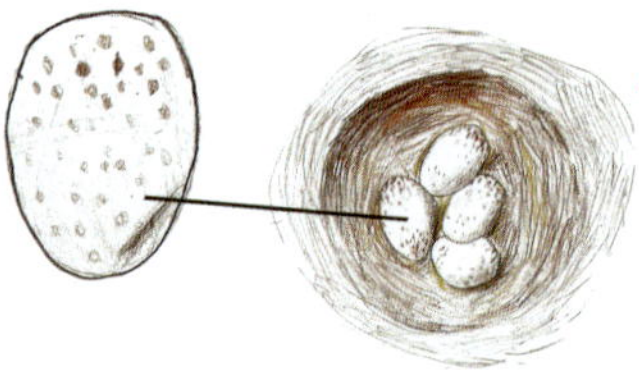

3月初，乌鸫爸爸和乌鸫妈妈用枯草根、茎和泥土筑巢，三四天就可以做好。巢呈碗状，里面有细草铺垫。

巢做好后，乌鸫妈妈便开始产蛋了。蛋青灰色，点缀着红褐色的斑点，斑点集中在蛋的大头。每窝产4~6枚蛋，蛋产完了，就开始孵化了。

第五章

校园野生动物救助指南

野生动物是自然生态系统的重要组成部分，保护野生动物对于维护生态系统平衡、保护生物多样性具有重要意义。随着保护环境、保护野生动物的观念日益深入人心，我们身边的野生动物越来越多，偶遇野生动物的可能性也大大增加。

如果遇到幼小、病弱、受伤、中毒、饥饿、迷途等需要救助的野生动物，我们该如何科学有效地实施救助呢？首先要分辨动物的种类，校园中最常遇到的、需要救助的动物是鸟类，其次是兽类，很少会遇到受伤的两栖动物和爬行动物。受伤的两栖动物很容易死掉，而爬行动物的自愈能力很强，所以我们基本不会遇到它们需要救助的情况。

当我们遇到需要救助的野生动物时，最好不要直接接触，因为很多野生动物会携带传播人兽共患病，如狂犬病、弓形虫病、结核病、布鲁氏菌病等，野生动物还会携带多种寄生虫，如虱子、跳蚤、疥螨等。野生动物在感受到威胁时，也会攻击人类，故而不要直接接触它们。

在野生动物没有影响我们正常学习和生活的情况下，请遵循“保证安全、暂时隔离、放归处置”的基本原则进行救助，我们整理了一些校园野生动物的初级救助流程，仅供参考。

野生动物十分脆弱且行为难以预测，因此，我们需要确保自己的行为能保证动物和自己的安全，如在研究了基本救助原则和流程后，仍然没有救助把握，就要及时报警或向相关机构求助。森林公安，是各地的野生动植物保护执法机构，也是各地的野生动物救助中心，具有救助野生动物的职能。以下联系电话供大家收藏备用。

江苏森林公安机关报警电话：025-86228623

江苏省暨南京市野生动物救护中心电话：025-85620178

野生动物保护协会（南京）：025-86275430

其他求助电话：110、12119、12345

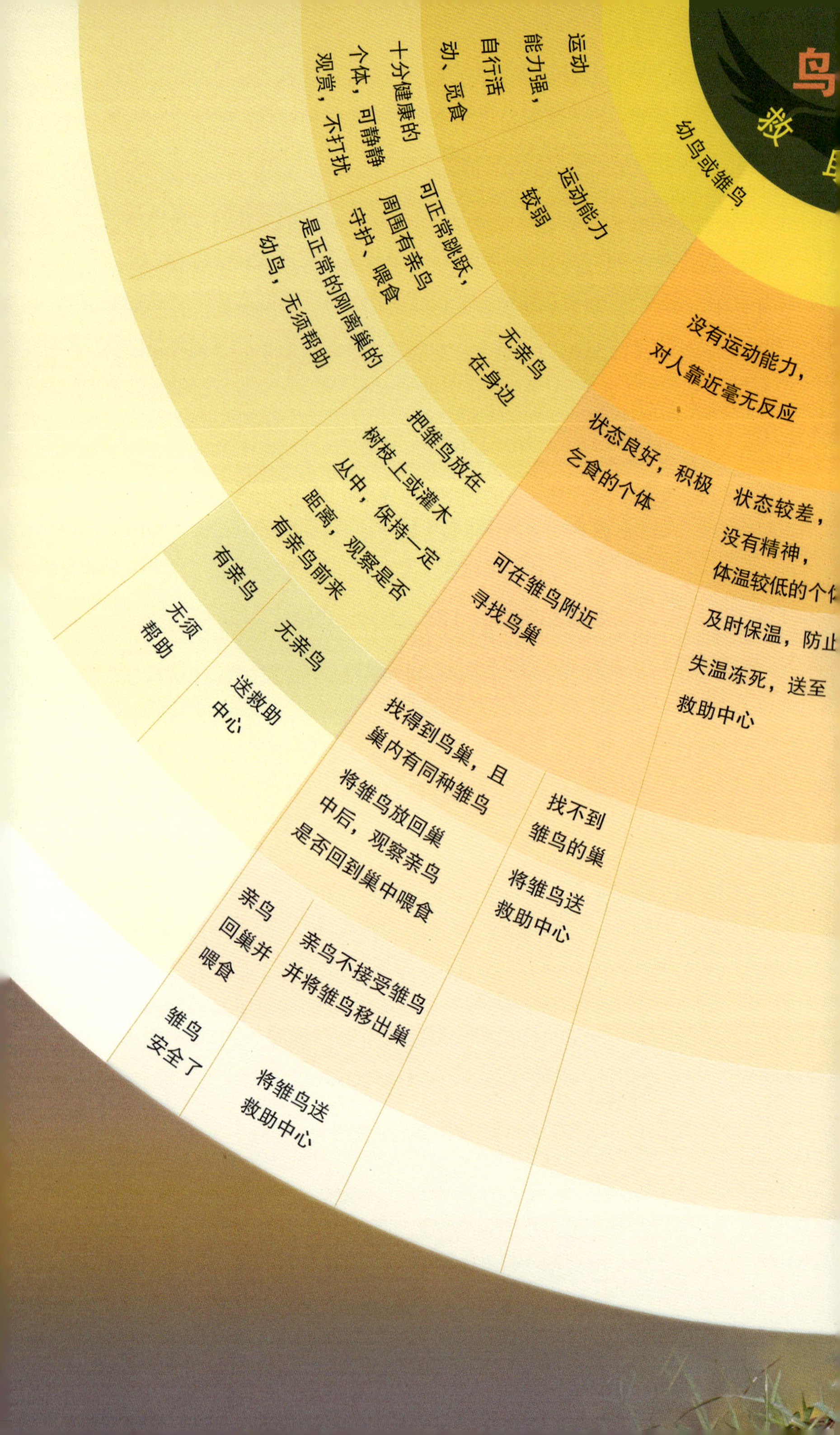
鸟
救
幼鸟或雏鸟
运动能力强，自行活动、觅食
十分健康的个体，可静静观赏，不打扰
运动能力较弱
可正常跳跃，周围有亲鸟守护、喂食
是正常的刚离巢的幼鸟，无须帮助
无亲鸟在身边
把雏鸟放在树枝上或灌木丛中，保持一定距离，观察是否有亲鸟前来
有亲鸟
无须帮助
无亲鸟
送救助中心
没有运动能力，对人靠近毫无反应
状态良好，积极乞食的个体
状态较差，没有精神，体温较低的个
可在雏鸟附近寻找鸟巢
及时保温，防止失温冻死，送至救助中心
找得到鸟巢，且巢内有同种雏鸟
找不到雏鸟的巢
将雏鸟放回巢中后，观察亲鸟是否回到巢中喂食
将雏鸟送救助中心
亲鸟回巢并喂食
亲鸟不接受雏鸟并将雏鸟移出巢
雏鸟安全了
将雏鸟送救助中心

类
南

- 已死亡个体
  - 受保护物种可交给相关部门，普通物种可自行掩埋，注意避免直接接触不明死因的野生动物
- 受伤个体
  - 交给救助中心处理，较大或较凶猛物种，先用毛巾或衣服盖住后再抓，非专业人士可采用捧握的方式抓住
- 误闯入家中
  - 健康、有活力个体：打开窗户放飞
  - 撞墙或撞玻璃个体：放入纸箱中，等待恢复过来再放生
  - 被困很长时间个体：适当补水后，放入纸箱等待恢复，最好补充葡萄糖水，若个体较小，可用棉签蘸取喂在嘴边
- 雨或落水中的体
  - 寸擦干水，爰风吹干毛晒干毛，对雏鸟情况行判断

兽类和爬行类救助指南

误闯进家中个体

- 避免同处一个空间
- 拨打救助电话，请专业人士上门处理

受伤和昏迷个体

- 拨打救助电话后，等待救助人员到来

已死亡个体

- 告知相关部门，普通物种可自行掩埋，注意避免直接接触不明死因的野生动物

其他动物救助指南

如蛙蟾类，节肢动物

- 可用扫把、簸箕等将其移出屋外
- 小心不要伤到动物
- 自己也不要受伤

附录

附录一

参考文献

[1] 程伟，虞蔚岩，周梅仙，等．南京江宁大学城校园鸟类多样性研究——以南京晓庄学院为例［J］．安徽农业科学，2011，39（13）：7807-7808.

[2] 郭少荣，陈凡，李一琳．南京市仙林大学城冬季鸟类多样性初步调查——以文澜路3所高校为例［J］．江苏林业科技，2019，46（2）：25-31.

[3] 鲁长虎，孙立峰．南京市野生动物资源［M］．南京：东南大学出版社，2016.

[4] 孙红英，刘建琳．江苏常见野生动物图鉴［M］．南京：江苏凤凰科学技术出版社，2023.

[5] 南京守望自然科普中心．南京常见野生动植物识别手册［M］．南京：江苏凤凰科学技术出版社，2020.

[6] 彩万志，李虎．中国昆虫图鉴［M］．太原：山西科学技术出版社，2015.

[7] 蔡波，王跃招，陈跃英，等．中国爬行纲动物

分类厘定［J］. 生物多样性，2015，23（3）：365-382.

［8］常青，胥东. 南京常见野生鸟类图鉴［M］. 南京：江苏凤凰科学技术出版社，2016.

［9］第二届动物学名词审定委员会. 动物学名词（第二版）［M］. 北京：科学出版社，2021.

［10］丁平，张正旺，梁伟，等. 中国森林鸟类［M］. 长沙：湖南科学技术出版社，2019.

［11］费梁. 中国两栖动物图鉴［M］. 郑州：河南科学技术出版社，2020.

［12］高梁. 江苏省志·水产志［M］. 南京：江苏古籍出版社，2001.

［13］高耀亭，等. 中国动物志·兽纲：第八卷·食肉目［M］. 北京：科学出版社，1987.

［14］黄松. 中国蛇类图鉴［M］. 福州：海峡书局，2021.

［15］江建平，谢峰，等. 中国两栖动物受威胁现状评估［J］. 生物多样性，2016，24（5）：588-597.

［16］江苏淡水水产研究所，南京大学生物系. 江苏淡水鱼类［M］. 南京：江苏科学技术出版社，1987.

［17］蒋志刚，江建平，王跃招，等. 中国脊椎动物红色名录［J］. 生物多样性，2016，24（5）：500-551.

［18］蒋志刚，马勇，吴毅，等. 中国哺乳动物多样性及地理分布［M］. 北京：科学出版社，2015.

［19］雷富民，卢汰春. 中国鸟类特有种［M］. 北京：科学出版社，2006.

［20］刘阳，陈水华. 中国鸟类观察手册［M］. 长沙：湖南科学技术出版社，2021.

［21］中山陵园管理局，江苏省科普作家协会. 极美

钟山　生态篇［M］. 南京：江苏凤凰科学技术出版社，2024.

［22］张燕宁，殷悦，马涛 . 我们生活在长江　长江大保护青少年科普手册［M］. 南京：南京出版社，2022.

［23］鲁长虎 . 江苏鸟类［M］. 北京：中国林业出版社，2015.

［24］罗泽珣，陈卫，高武，等 . 中国动物志·兽纲：第六卷［M］. 北京：科学出版社，2000.

［25］倪勇，伍汉霖 . 江苏鱼类志［M］. 北京：中国农业出版社，2006.

［26］齐硕 . 常见爬行动物野外识别手册［M］. 重庆：重庆大学出版社，2019.

［27］钱昌元，郭华，孙红英 . 中国少足动物分类及其分布［J］. 动物学杂志，2015，50（3）：477-489.

［28］曲利明 . 中国鸟类图鉴［M］. 福州：海峡书局，2013.

［29］史静耸 . 常见两栖动物野外识别手册［M］. 重庆：重庆大学出版社，2021.

［30］汪松，解焱 . 中国物种红色名录：第三卷·无脊椎动物［M］. 北京：高等教育出版社，2005.

［31］魏辅文，杨奇森，吴毅，等 . 中国兽类名录（2021 版）［J］. 兽类学报，2021，41（5）：487-501.

［32］武春生，徐堉峰 . 中国蝴蝶图鉴［M］. 福州：海峡书局，2017.

［33］徐海根，强胜 . 中国外来入侵生物（下册）［M］. 北京：科学出版社，2018.

［34］杨星科，李利珍 . 中国甲虫图鉴［M］. 福州：海峡书局，2020.

[35] 尹文英，宋大祥，杨星科，等．六足动物（昆虫）系统发生的研究[M]．北京：科学出版社，2008.

[36] 约翰·马敬能，卡伦·菲力普斯，何芬奇．中国鸟类野外手册[M]．李一凡，译．长沙：湖南教育出版社，2022.

[37] 张松奎，张花青．南京蝴蝶生态图鉴[M]．南京：南京师范大学出版社，2018.

[38] 张雁云，张正旺，董路，等．中国鸟类红色名录评估[J]．生物多样性，2016，24（5）：568-579.

[39] 赵正阶．中国鸟类手册[M]．长春：吉林科学技术出版社，1995.

[40] 赵正阶．中国鸟类志[M]．长春：吉林科学技术出版社，2001.

[41] 郑光美．中国鸟类分类与分布名录（第四版）[M]．北京：科学出版社，2023.

[42] 郑作新，卢汰春，雷富民，等．中国动物志·鸟纲：第12卷[M]．北京：科学出版社，2010.

[43] 中国科学院动物研究所．中国动物物种编目数据库[DB].http://www.zoology.csdb.cn/dbb/animallist.

[44] 周开亚．江苏省志·生物志·动物篇[M]．南京：凤凰出版社，2005.

[45] 朱建青，谷宇，陈志兵，等．中国蝴蝶生活史图鉴[M]．重庆：重庆大学出版社，2018.

[46] 朱笑愚，吴超，袁勤．中国螳螂[M]．北京：西苑出版社，2012.

[47] 刘少英，吴毅，李晟．中国兽类图鉴（第三版）[M]．福州：海峡书局，2022.

■附录二

中文索引

A

B

C

D

F

G

H

J

K

L

M

N

Z

附录三

拉丁文索引

A

B

C

R

S

附录四

校园物种调查表

调研生境类型表

一级分类	二级分类	一级分类	二级分类
A. 森林	1 常绿阔叶林 2. 落叶阔叶林 3. 常绿针叶林 4. 落叶针叶林 5. 针阔混交林 6. 稀疏林	F. 城镇	1. 居住地 2. 乔木绿地 3. 灌木绿地 4. 草本绿地 5. 工业用地 6. 交通用地 7. 采矿场
B. 灌丛	1. 常绿阔叶灌木林 2. 落叶阔叶灌木林 3. 常绿针叶灌木林 4. 稀疏灌木林	G. 荒漠	1. 沙漠 / 沙地 2. 苔藓 / 地衣 3. 裸岩 4. 裸土 5. 盐碱地
C. 草地	1. 草甸 2. 草原 3. 草丛 4. 稀疏草地	H. 冰川 / 永久积雪	冰川 / 永久积雪
D. 湿地	1. 森林沼泽 2. 灌丛沼泽 3. 草本沼泽 4. 湖泊 5. 水库 / 坑塘 6. 河流 7. 运河 / 水渠	I. 裸地	1. 沙漠 / 沙地 2. 裸岩 3. 裸土
E. 农田	1. 水田 2. 旱地 3. 乔木园地 4. 灌木园地	J. 其他	……

调研干扰类型表

<table>
<tr><th colspan="2">干扰来源</th><th>具体类型</th><th colspan="2">干扰来源</th><th>具体类型</th></tr>
<tr><td rowspan="25">人为干扰</td><td rowspan="9">农林牧渔活动</td><td>毁林、毁草开垦</td><td rowspan="25">自然干扰</td><td rowspan="6">气象灾害</td><td>台风</td></tr>
<tr><td>围湖造田、造林</td><td>暴雨</td></tr>
<tr><td>采集</td><td>洪涝</td></tr>
<tr><td>林木砍伐</td><td>干旱</td></tr>
<tr><td>狩猎</td><td>寒潮</td></tr>
<tr><td>放牧</td><td>其他（具体说明）</td></tr>
<tr><td>捕捞</td><td rowspan="6">地质灾害</td><td>地震</td></tr>
<tr><td>草地围栏</td><td>滑坡</td></tr>
<tr><td>其他（具体说明）</td><td>泥石流</td></tr>
<tr><td rowspan="6">开发建设</td><td>矿山开发</td><td>崩塌</td></tr>
<tr><td>路桥建设（公路、铁路、桥梁、隧道等）</td><td>地面塌陷</td></tr>
<tr><td>房屋建造</td><td>其他（具体说明）</td></tr>
<tr><td>旅游开发</td><td rowspan="6">生物灾害</td><td>病害</td></tr>
<tr><td>水坝建设</td><td>虫害</td></tr>
<tr><td>其他（具体说明）</td><td>草害</td></tr>
<tr><td rowspan="5">环境污染</td><td>土壤污染</td><td>鼠害</td></tr>
<tr><td>水污染</td><td>外来物种入侵</td></tr>
<tr><td>大气污染</td><td>其他（具体说明）</td></tr>
<tr><td>噪声污染</td><td>火灾</td><td>火灾</td></tr>
<tr><td>其他（具体说明）</td><td rowspan="2">其他</td><td rowspan="2"></td></tr>
<tr><td>其他</td><td></td></tr>
</table>

影响强度分级表

影响强度等级	状况描述
强	生境受到严重干扰；植被基本消失；野生动物难以栖息繁衍
中	生境受到干扰；植被部分消失，但干扰消失后，植被仍可恢复；野生动物栖息繁衍受到一定程度影响，但可栖息繁衍
弱	生境受到一定干扰；植被基本保持原有状态；对野生动物栖息繁衍影响不大
无	生境没有受到干扰；植被保持原有状态；对野生动物栖息繁衍没有影响

校园野生动物调查表（适用哺乳类）

<table>
<tr><td colspan="2">样区名称：</td><td colspan="2">调查日期：</td><td>样线编号：</td></tr>
<tr><td colspan="3">起点经纬度：</td><td colspan="2">起点海拔 / m：</td></tr>
<tr><td colspan="3">终点经纬度：</td><td colspan="2">终点海拔 / m：</td></tr>
<tr><td>生境
类型</td><td>一级分类：
二级分类：</td><td colspan="2">生境受干扰类型：</td><td>影响强度：</td></tr>
<tr><td colspan="3">起点计数时间：　　时　　分</td><td colspan="2">终点计数时间：　　时　　分</td></tr>
<tr><td colspan="3" rowspan="2">调查人：</td><td colspan="2">天气：</td></tr>
<tr><td colspan="2">温度：</td></tr>
</table>

序号	中文名	数量	凭据	备注

注：凭据包括但不限于看到、听到、痕迹（粪便、足迹、巢穴等）、录音、录像。罕见种必须有录音或录像凭据。

校园野生动物调查表（适用鸟类样线法）

表格编号：	网格编号：	样线编号：	总种数：
起点经纬度：		起点海拔 / m：	
终点经纬度：		终点海拔 / m：	
生境类型	一级分类： 二级分类：	生境受干扰类型：	影响强度：
起点计数时间：　　时　　分		终点计数时间：　　时　　分	
调查人：		天气：	
		温度：	

序号	小生境	中文名	学名	数量	距离 / m	凭据	备注

注：凭据包括但不限于看到、听到、痕迹（粪便、足迹、巢穴等）、录音、录像。罕见种必须有录音或录像凭据。

校园野生动物调查表（适用鱼类、两栖类及爬行类）

<table>
<tr><td colspan="2">样区名称：</td><td colspan="2">调查日期：</td><td>样线编号：</td></tr>
<tr><td colspan="4">起点经纬度：</td><td>起点海拔 / m：</td></tr>
<tr><td colspan="4">终点经纬度：</td><td>终点海拔 / m：</td></tr>
<tr><td>生境类型</td><td>一级分类：
二级分类：</td><td colspan="2">生境受干扰类型：</td><td>影响强度：</td></tr>
<tr><td colspan="3">起点计数时间：　　时　　分</td><td colspan="2">终点计数时间：　　时　　分</td></tr>
<tr><td colspan="3" rowspan="2">调查人：</td><td colspan="2">天气：</td></tr>
<tr><td colspan="2">温度：</td></tr>
</table>

序号	中文名	数量	凭据	备注

注：凭据包括但不限于看到、听到、痕迹（粪便、足迹、巢穴等）、录音、录像。罕见种必须有录音或录像凭据。

校园野生动物调查表（适用无脊椎动物样点法）

样区名称：	调查日期：	样点编号：
样点经纬度：	海拔 / m：	
样点处样方面积：□ $1m^2*1m^2$ □ $2m^2*2m^2$ □ 其他______		
生境类型 一级分类： 二级分类：	生境受干扰类型：	影响强度：
开始计数时间： 时 分	结束计数时间： 时 分	
调查人：	天气：	
	温度：	

序号	中文名	数量	凭据	备注

注：凭据包括但不限于看到、听到、痕迹（粪便、足迹、巢穴等）、录音、录像。罕见种必须有录音或录像凭据。